MIX
Papier aus verantwortungsvollen Quellen
Paper from responsible sources
FSC® C105338

Barbara Bilyk

Vereinbarkeit von Ökonomie und Ökologie

Eine Analyse des Wertschöpfungspotenzials nachhaltiger Maßnahmen

Diplomica Verlag GmbH

Bilyk, Barbara: Vereinbarkeit von Ökonomie und Ökologie: Eine Analyse des Wertschöpfungspotenzials nachhaltiger Maßnahmen. Hamburg, Diplomica Verlag GmbH 2013

Buch-ISBN: 978-3-8428-8147-1
PDF-eBook-ISBN: 978-3-8428-3147-6
Druck/Herstellung: Diplomica® Verlag GmbH, Hamburg, 2013

Bibliografische Information der Deutschen Nationalbibliothek:
Die Deutsche Nationalbibliothek verzeichnet diese Publikation in der Deutschen Nationalbibliografie; detaillierte bibliografische Daten sind im Internet über http://dnb.d-nb.de abrufbar.

Hermannstal 119k, 22119 Hamburg
http://www.diplomica-verlag.de, Hamburg 2013
Printed in Germany

Inhaltsverzeichnis

Abkürzungsverzeichnis

CC	Corporate Citizenship
CSR	Corporate Social Responsibility
CS	Corporate Sustainability
Int'l $	Internationaler Dollar (Vergleichswährung)

Abbildungsverzeichnis

Tabellenverzeichnis

1. Einleitung

1.1 Problemstellung

Nachhaltige Entwicklung wird in der öffentlichen Diskussion oftmals als die größte globale Herausforderung unseres Jahrhunderts bezeichnet (Kanning, 2009). Bei der Lösung spielen Unternehmen eine wesentliche Rolle, da die von ihnen getroffenen Entscheidungen, wie zum Beispiel die Produktgestaltung, weitreichende Auswirkungen auf die Lebensweise sowie auf die Entwicklung von Gesellschaft und Umwelt haben (Koplin & Müller, 2009). Auch wenn sich Unternehmen dieser übergeordneten Verantwortung meist bewusst sind, so sind für sie in erster Linie dennoch rein ökonomische Prinzipien handlungsleitend (Wilkens, 2007). Hierbei wurde Nachhaltigkeit bislang als eine formale Nebenbedingung verstanden, weshalb nachhaltige Maßnahmen vermehrt im Zuge gesetzlicher Verpflichtungen oder als Reaktion auf politischen und gesellschaftlichen Druck eingeführt wurden (Klimova, 2004; Wagner & Schaltegger, 2002). Die zurückhaltende Eigeninitiative bezüglich der gleichwertigen Integration von ökonomischen, ökologischen und sozialen Zielen kann durch den noch weitgehend unerforschten Einfluss von nachhaltigen Maßnahmen auf den Unternehmenserfolg begründet werden (Schaltegger, 2010; Schaltegger & Synnestvedt, 2001). Zwar zeigen eine Reihe von wissenschaftlichen Untersuchungen, dass sich aktive Nachhaltigkeit ökonomisch auszahlt (Knörzer, 2001; Petersen, 2002), dennoch scheint diese Beziehung nicht generell und situationsübergreifend zu gelten (Steinle, Thiem & Böttcher, 1998).
Es ist somit nicht klar, welches Wertschöpfungspotenzial nachhaltige Maßnahmen bergen und wie der Wirkungszusammenhang zwischen Nachhaltigkeit und ökonomischem Erfolg systematisch gestaltet werden kann (Schaltegger, Windolph & Harms, 2010). Für die Konkretisierung des abstrakten Leitbildes der Nachhaltigkeit durch die Führungsverantwortlichen der Unternehmen stellt dies ein großes Problem dar.

1.2 Zielsetzung

Die Kenntnis des Wertschöpfungspotenzials und der Wirkungsmechanismen nachhaltiger Maßnahmen trägt zu einer qualifizierten Entscheidungsgrundlage sowie zu einer zielgerichteten Implementierung bei und führt somit zu einem ökonomisch vorteilhafteren Umgang mit dem Nachhaltigkeitskonzept (Schaltegger & Hasenmüller, 2005; Wilkens, 2007). Daher verfolgt dieses Buch das Ziel, die Wertschöpfungspotenziale nachhaltiger Maßnahmen systematisch zu analysieren und daraus Handlungsempfehlungen für die Praxis abzuleiten. Auf Basis empirischer Studien zum Zusammenhang zwischen unternehmerischer Nachhaltigkeit und Geschäftserfolg sollen konkrete Maßnahmen beschrieben, kategorisiert und ihre Wirkungsweise ausgewertet werden. Der Fokus liegt dabei auf der Umweltdimension, da die Wirtschaft unmittelbar von der langfristigen Verfügbarkeit natürlicher Ressourcen abhängt (Rogall, 2009). Bislang ist die ökologische Dimension deshalb nicht nur in den Unternehmen stärker ausgeprägt als die soziale Dimension, sondern es legen auch eine Mehrzahl an empirischen Untersuchungen ihren Schwerpunkt darauf (Loew & Clausen, 2010; Mathieu, 2002). Diese Arbeit leistet somit einen Beitrag zur detaillierten Einbindung des Nachhaltigkeitsthemas in das betriebswirtschaftliche Denken.

1.3 Vorgehensweise

Nach dieser thematischen Einleitung werden im folgenden Kapitel die Grundlagen des Nachhaltigkeitskonzepts sowie die Triebkräfte und unternehmerischen Motive für die Implementierung nachhaltiger Aktivitäten herausgearbeitet. In Kapitel 3 steht die Analyse des Zusammenhangs zwischen Nachhaltigkeit und Wertschöpfung im Mittelpunkt der Betrachtung. Hierfür wird zunächst der Begriff Wertschöpfung definiert und anschließend werden generelle Wirkungsmechanismen dargestellt. In einem weiteren Schritt werden sowohl technische Maßnahmen, beispielsweise der Einsatz von verschmutzungsvermeidenden Technologien in der Produktion, als auch organisatorische Maßnahmen, wie Unternehmensrichtlinien zur Auswahl umweltfreundlicher Lieferanten, im Hinblick auf ihren (potenziellen) Wertbeitrag untersucht. Des Weiteren wird analysiert, inwieweit Kontingenzfaktoren die Wirkungszusammenhänge beeinflussen. Die Implikationen dieser Ergebnisse für Forschung und Managementpraxis werden in Kapitel 4 diskutiert bevor das Resümee in Kapitel 5 die Arbeit abschließt.

2. Grundlagen der Nachhaltigkeit

Das folgende Kapitel dient der Einführung in die Grundlagen des Nachhaltigkeitsthemas. Dazu wird der Begriff Nachhaltigkeit bestimmt und sowohl Triebkräfte für die wachsende Beachtung des Themas in der Betriebswirtschaft als auch unternehmerische Motive für die Implementierung nachhaltiger Maßnahmen vorgestellt.

2.1 Begriffsbestimmung Nachhaltigkeit und nachhaltige Maßnahmen

Die Konfrontation mit globalen Problemen wie etwa der zunehmenden Erschöpfung von Trinkwasser, Finanzkrisen oder sozialer Ungleichheit haben eine intensive Debatte um die Zusammenhänge von Ressourcenverfügbarkeit, gesellschaftlichen Lebensstilen und wirtschaftlicher Entwicklung ausgelöst (Burschel, Losen & Wiendl, 2004; Schaltegger, Burritt & Petersen, 2003). Hierbei hat die Weltkommission für Umwelt und Entwicklung (1987) mit ihrem Bericht „Our common future" den Begriff „Sustainable Development" (Nachhaltige Entwicklung) entscheidend geprägt. Darunter wird eine Entwicklung verstanden, die die Bedürfnisse aller gegenwärtigen Generationen befriedigt, „ohne zu riskieren, dass künftige Generationen ihre eigenen Bedürfnisse nicht befriedigen können" (Hauff, 1987, S. 46). Es handelt sich somit um ein normatives Leitbild, da die Übernahme von Verantwortung sowie intra- und intergenerative Gerechtigkeitsbestrebungen Grundlage des Handelns sein sollen (Grunwald & Kopfmüller, 2006).

Verbreitet und konkretisiert wurde dieses Leitbild maßgeblich durch die UN-Konferenz für Umwelt und Entwicklung (UNCED), die 1992 in Rio de Janeiro stattfand. Die Mitgliedsstaaten unterzeichneten hier unter anderem die Agenda 21, ein Aktionsprogramm, das Ziele und Instrumente zur Umsetzung einer nachhaltigen Entwicklung enthält und auf den drei Nachhaltigkeitsdimensionen Ökonomie, Ökologie und Soziales basiert. Das „Drei-Säulen-Modell" (Abbildung 1) stellt diesen Ansatz dar. Im Mittelpunkt steht hierbei die simultane Integration der drei Säulen, die als gleichbedeutende Handlungsbereiche verstanden werden (Burschel *et al.*, 2004; Hansen & Schrader, 2005). Ökonomie, Ökologie und Soziales sollen stets in ein (dynamisches) Gleichgewicht gebracht werden (Majer, 2000). Die Schnittmengen der Kreise in Abbildung 1 verbildlichen dabei die Interdependenzen der Dimensionen. Dementsprechend ist der langfristige Funktionserhalt jeder Dimension abhängig von der Funktionsfähigkeit der anderen beiden Dimensionen (Corsten, 2008; Schaltegger & Figge, 1999). Durch diese

Zusammenführung der verschiedenen Aspekte werden Ökologie, Ökonomie und Soziales zu einer unzertrennlichen Einheit verbunden (BMU, 1997).

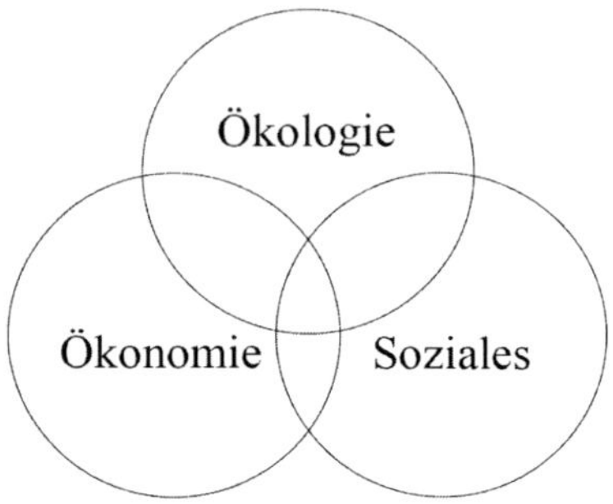

Abbildung 1: Drei-Säulen-Modell
Quelle: Eigene Darstellung in Anlehnung an Brady (2005), S. 42.

Der konzeptionelle Umsetzungsprozess dieses Leitbildes gestaltet sich jedoch problematisch. So ist es für die heutige Generation schwierig, wenn nicht gar unmöglich, die Bedürfnisse zukünftiger Generationen abzuschätzen sowie zu beurteilen, welche Auswirkungen vererbte Möglichkeiten und Risiken auf das künftige Leben haben (Kanning, 2009; Schäfer & Lindenmayer, 2005). Zudem hängt das Verständnis einer gerechten Verteilung und einer Verbesserung der Lebensqualität von der subjektiven Perspektive und den persönlichen Zielen ab. Da das Leitbild diese Fragen offen lässt, führen die verschiedenen Interpretationsmöglichkeiten zu Zielkonflikten, beispielsweise zwischen Privatwirtschaft und Politik (Schaltegger *et al.*, 2003).

In dem Abschlussbericht „Konzept Nachhaltigkeit" werden von der Enquete-Kommission „Schutz des Menschen und der Umwelt" des 13. Deutschen Bundestages Teilziele und entsprechende Handlungsprinzipien vorgeschlagen, die als eine Annäherung an die Lösung dieses Problems verstanden werden können.

Ökologie. Um die Funktionsfähigkeit der Ökosysteme und der natürlichen Lebensgrundlagen zu bewahren, sollen Ressourcen nur in dem Umfang abgebaut und genutzt werden, wie sie wieder regeneriert oder substituiert werden können. Zudem sollen bei Stoffeinträgen in die Umwelt sowohl die Belastbarkeitsgrenzen als auch „das Zeitmaß der für das Reaktionsvermögen der Umwelt relevanten natürlichen Prozesse" (S. 46) beachtet werden. Außerdem sind Gefahren und unvertretbare Risiken für Mensch und Umwelt zu vermeiden. Diese ökologischen Prinzipien sind auch als „Management-Regeln der Nachhaltigkeit" bekannt.

Ökonomie. Durch den produktivsten Einsatz aller existierender Produktionsfaktoren sollen Wohlstand gesteigert und Knappheiten vermindert werden. Hierfür muss das „Eigeninteresse in den Dienst des Gemeinwohls" gestellt werden (S. 48). Des Weiteren soll dafür Sorge getragen werden, dass Markt und Wettbewerb funktionsfähig sind und bleiben und die ökonomische Leistungsfähigkeit sowie das Produktiv-, Sozial- und Humankapital für zukünftige Generationen erhalten oder sogar verbessert werden. *Soziales.* Die Fundamente der sozialen Dimension sind soziale Stabilität und Sicherheit. Hierauf soll eine gerechte und solidarische Verteilung von Wohlstand aufbauen. Zudem soll nachhaltige Entwicklung dazu beitragen, die persönliche Freiheit und Chancengleichheit zu sichern, das heißt, jedem Einzelnen „größtmögliche Handlungs- und Entscheidungsfreiräume" (S. 40) zu ermöglichen.

Unternehmen spielen bei der Realisierung dieses gesamtwirtschaftlichen Leitbildes auf die Mikroebene eine entscheidende Rolle, da sie durch ihre Aktivitäten den Grad der Umweltbelastung und die Entwicklung des Ressourcenverbrauchs maßgeblich beeinflussen. Einerseits geschieht dies durch die Entscheidungen über Art und Umfang des Faktoreneinsatzes und aktive Innovationsbeiträge direkt. Andererseits besteht ein indirekter Einfluss über die Wirkung auf gesellschaftliche Lebens- und Konsumweisen, insbesondere durch Werbemaßnahmen (Grunwald & Kopfmüller, 2006; Kanning, 2009). Das Konzept der Nachhaltigkeit verlangt von Unternehmen daher die Übernahme einer erweiterten Verantwortung. Diese lässt sich in folgender Handlungsmaxime zusammenfassen, die auch als „Triple Bottom Line" (Elkington, 1999) bezeichnet wird: Unternehmerische Ziele und Aktivitäten sollen darauf ausgerichtet sein, den ökonomischen Erfolg langfristig zu sichern, sowie ökologisch verträglich und sozial gerecht zu sein (Dyllick & Hockerts, 2002; Hansen & Schrader, 2005; Porter & Kramer, 2006). Im Sinne einer nachhaltigen Unternehmensführung (Corporate Sustainability) soll dieser Grundsatz für alle Handlungsebenen gelten. Um dies sicherzustellen, müssen die Produktionsfaktoren Human- und Naturressourcen sowie Technologie und Technik stets in einem ausgewogenen Verhältnis eingesetzt werden (Majer, 2000). Wie Abbildung 2 zeigt, schließt dieses Verständnis von Nachhaltigkeit als unternehmerische Gesamtkonzeption weitere Konzepte der gesellschaftlichen Verantwortung von Unternehmen mit ein (Czymmek, Freier, Hesselbarth & Kleine, 2009). So wird unter Corporate Citizenship (CC) das zivilgesellschaftliche Engagement von Unternehmen in ihrem lokalen Umfeld verstanden, welches unabhängig von der eigentlichen Wirtschaftstätigkeit stattfindet. Beispiele hierfür sind Spenden, Sponsoring oder das ehrenamtliche Mitarbeiterengagement (Hansen & Schrader, 2005). Corporate Social Responsibility (CSR) ist weiter gefasst als Corporate Citizenship und bezeichnet die freiwillige und über die wirtschaftliche und rechtliche Verantwortung hinausgehende Integration der ökologischen und sozialen Dimension in die Unternehmensaktivitäten sowie in die Stakeholderbeziehungen (Fischer, Sawczyn & Brauch, 2009). Im Gegensatz zu Corporate Sustainability wird beim Corporate-Social-Responsibility-Konzept die Wirtschaftlichkeit mehr als Randbedingung verstanden und nicht als direkter Bestandteil der Verantwortungsübernahme (Hansen & Schrader, 2005; Schäfer & Lindenmayer, 2005). Dennoch wird Corporate Social Responsibility häufig synonym für den Begriff Corporate Sustainability verwendet, was auf die fortschreitende Angleichung von Inhalten und Aufgaben der Konzepte zurückzuführen ist.

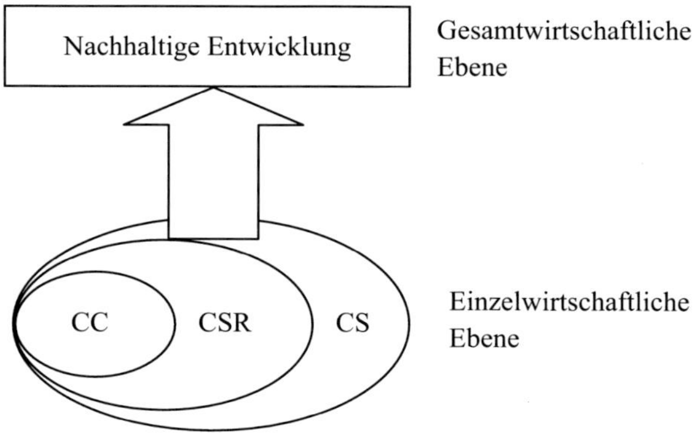

Abbildung 2: Zusammenhang von Corporate Citizenship, Corporate Social Responsibility, Corporate Sustainability und nachhaltiger Entwicklung
Quelle: Eigene Darstellung in Anlehnung an Loew, Ankele, Braun & Clausen (2004), S. 12.

Die Beiträge der Unternehmen zur nachhaltigen Entwicklung sollen sich an folgenden drei komplementären Strategien orientieren (Kanning, 2009; Schaltegger *et al*, 2003): *Effizienz.* Die Effizienz-Strategie zielt darauf ab, übermäßigen Material- und Energieverbrauch und die damit zusammenhängenden Umweltschäden durch gesteigerte Ressourcenproduktivität zu reduzieren.

Suffizienz. Bei der Suffizienz-Strategie geht es um Maßnahmen, die eine Veränderung von Lebensstilen, insbesondere von Konsumverhalten, unterstützen. Dieses soll an

Genügsamkeit und dem Bewusstsein über die Auswirkungen des eigenen Verhaltens ausgerichtet werden.

Konsistenz. Das Ziel der Konsistenz-Strategie ist die Umgestaltung von Material- und Energieströmen, so dass ihre Rückführung in natürliche Stoffkreisläufe oder ihre Wiederverwendung möglich ist.

Die Zielsetzungen der Effizienz- und der Konsistenz-Strategie spiegeln die besondere Stellung der Ökologie wider. So muss davon ausgegangen werden, dass das Vorhandensein natürlicher Ressourcen eine notwendige Bedingung für wirtschaftliche Aktivitäten und Strukturen darstellt und daher das ökonomische Wachstum begrenzt. Aufgrund der derzeitig massiven Übernutzung der Öko-Systeme führt dieser Zusammenhang zu einer akuten Relevanz der Ökologie (Majer, 2000; Rogall, 2009). In erster Linie sollte nachhaltige Entwicklung daher auf die Sicherstellung der langfristigen Funktions- und Überlebensfähigkeit des ökologischen Systems abzielen (Schmid, 2000). Die Integration aller drei Systeme kann erst dann erfolgen, wenn diese Bedingung erfüllt ist (Lison, 2002).

Vor diesem Hintergrund wird in dieser Arbeit unter „Nachhaltigkeit" eine vorausschauende und gesellschaftlich verantwortliche Ressourcenverwendung mit dem Ziel der Minimierung des absoluten Ausmaßes der Umweltwirkung von wirtschaftlichen Aktivitäten verstanden. Der Begriff „Corporate Sustainability" wird synonym dafür verwendet. Nachhaltige Unternehmen verbrauchen gemäß dieser Definition natürliche Ressourcen unter Wahrung der Regenerations- beziehungsweise Substitutionsraten und erzeugen Abfälle nur in dem Ausmaß, wie diese vom Ökosystem absorbiert werden können. Außerdem betreiben sie keine Aktivitäten, die Ökosystemleistungen degradieren (Dyllick & Hockerts, 2002). Der Umfang dieser Beiträge zur Nachhaltigkeit übersteigt das gesetzliche Mindestmaß, weshalb ein wichtiges Merkmal der Corporate Sustainability die freiwillige Integration von Umweltaspekten in das bestehende Zielsystem darstellt (Loew & Clausen, 2010; Schaltegger & Hasenmüller, 2005). Davon ausgehend werden unter „nachhaltigen Maßnahmen" und dem Synonym „Nachhaltigkeitsmanagement" unternehmerische Konzepte, Instrumente und Aktivitäten verstanden, die zur Optimierung der Umwelteinwirkungen eines Unternehmens eingesetzt werden. Das Kriterium der „Öko-Effektivität" dient der Beurteilung, inwieweit dieses Ziel erreicht wird. Es misst den Grad der absoluten Umweltverträglichkeit. So trägt eine Maßnahme zur Verbesserung der Öko-Effektivität eines Unternehmens bei, wenn durch ihren Einsatz die verursachte Umweltbelastung verringert werden kann (Schaltegger, Herzig, Kleiber, Müller, 2002). Unter „Umweltperformance“ wird schließlich die Aggregation oder Gesamtheit aller Auswirkungen von unternehmerischen Tätigkeiten auf die natürliche Umwelt verstanden (Lankoski, 2006).

2.2 Triebkräfte für Nachhaltigkeit

Das wachsende Interesse der Wirtschaft an dem unter Kapitel 2.1 dargestellten Leitbild der Nachhaltigkeit lässt sich insgesamt als Antwort auf veränderte Rahmenbedingungen des unternehmerischen Handlungsraums verstehen (Hansen & Schrader, 2005; Schmid, 1996; Suchanek & Lin-Hi, 2006). Die Triebkräfte dieser Entwicklung werden in diesem Kapitel erläutert. Dabei ist zu beachten, dass alle hier beschriebenen Treiber nicht unabhängig voneinander auf die Unternehmen wirken, sondern eng miteinander verknüpft sind und sich gegenseitig verstärken.

Globalisierung. Neben einem insgesamt höheren Welthandelsvolumen kommt es im Zuge der Globalisierung vermehrt zu internationalen Wertschöpfungsverflechtungen. Wirtschaftliche Interaktionen und Kooperationen gehen hierbei über territorial definierte Staatsgrenzen hinaus und überschreiten damit den Handlungsraum einer nationalen Politik (Burger & Mayer, 2003; Suchanek & Lin-Hi, 2006). Aufgrund divergierender Interessen kann die stark eingeschränkte Steuerungsmöglichkeit staatlicher Institutionen bislang nicht vollständig durch die Vereinbarungen supranationaler Institutionen wie der Europäischen Union oder den Vereinten Nationen ausgeglichen werden (Burger & Mayer, 2003; Hansen & Schrader, 2005). Dies führt zu einer bedeutenden Veränderung der Machtverhältnisse. Während sich der Einflussbereich von Nationalstaaten verringert, gewinnt die Privatwirtschaft, insbesondere multinationale Unternehmen, immer mehr an Bedeutung (Burger & Mayer, 2003; Cramer, 2002; Koplin & Müller, 2009). Durch die verbesserte Machtposition sowie entscheidende Möglichkeiten zur Verbesserung der ökonomischen, ökologischen und sozialen Probleme eines Landes, beispielsweise durch weltweiten Kapitaleinsatz, steigt die Verantwortung von Unternehmen gegenüber der Gesellschaft. Es wird von ihnen erwartet, dass sie die durch den Bedeutungsverlust des Staates entstandenen Regelungs- und Versorgungslücken kompensieren (Hansen & Schrader, 2005; Matten, Crane & Chapple, 2003).

Informations- und Kommunikationstechnologien. Moderne Informations- und Kommunikationstechnologien bieten die Möglichkeit zur schnellen, kostengünstigen sowie uneingeschränkten Informationsverfügbarkeit und -diffusion. Es ist dadurch für Stakeholder sehr viel einfacher geworden die (globalen) Vorgänge eines Unternehmens zu verfolgen. Dies schließt insbesondere kritische Informationen wie Rechtswidrigkeiten mit ein. Stakeholder können sich demzufolge ein genaueres Bild von Unternehmen und ihren Produkten beziehungsweise Dienstleistungen machen sowie Vor- und Nachteile besser bewerten (Cramer, 2002). Infolgedessen nimmt die Transparenz und damit gleichzeitig auch die Aufdeckungswahrscheinlichkeit von unternehmerischem Fehlverhalten zu (Cramer, 2002; Suchanek & Lin-Hi, 2006). Da die Informations- und Kommunikationstechnologien außerdem die Netzwerkbildung sowie die Koordination von Entscheidungen und Aktionen über Zeit und Raum vereinfachen, steigt das unternehmerische Risiko, für Missstände sanktioniert zu werden. Insgesamt stehen Unternehmen demnach sowohl unter ständiger Beobachtung als auch unter aktiver Bewertung durch die Gesellschaft. Dabei besteht die Gefahr von Fehlinformationen oder -urteilen, welche durch die zunehmende Informationsmenge und -komplexität sowie die Möglichkeit der Manipulation von Nachrichten entstehen können (Suchanek & Lin-Hi, 2006; Zentes, Bastian & Lehnert, 2010). Unternehmen haben daher ein Interesse daran, einen Beitrag zur nachhaltigen Entwicklung zu leisten und diesen detailliert und öffentlich zu kommunizieren.

Stakeholder. Die Erwartungen und Anforderungen verschiedener Stakeholder beeinflussen das nachhaltige Engagement der Unternehmen maßgeblich. Die stärksten Triebkräfte gehen dabei von der Öffentlichkeit und den Finanzmärkten aus (Binhack, Häusle, Flatz, Escher & Suhr, 2006). Wie bereits erläutert, ist die Öffentlichkeit durch die Weiterentwicklung von Informations- und Kommunikationstechnologien immer besser über Unternehmensaktivitäten informiert und beurteilt diese zunehmend kritischer. Dies betrifft vor allem umweltbezogene Aspekte, da sich eine Ökosensibilisierung der Gesellschaft konstatieren lässt (Meffert & Bruhn, 1996). Dieser Wertewandel führt dazu, dass sich die Öffentlichkeit intensiver mit dem Leitbild der Nachhaltigkeit beschäftigt und ein besseres Bewusstsein für die Auswirkungen von Unternehmenstätigkeiten entwickelt (Epstein, 2008). Von den Betrieben wird daher Offenlegung und Transparenz nicht nur gegenüber allen finanziellen Vorgängen gefordert, sondern auch gegenüber ökologischen und sozialen Leistungen (Cramer, 2002). Diese öffentliche Meinung wird von Interessensgruppen und Nichtregierungsorganisationen gegenüber den Unternehmen vertreten, wodurch normativer Druck aufgebaut wird (Sharfman, Shaft & Tihanyi, 2004). Der große Einfluss dieser Organisationen beruht auf der Möglichkeit, eine kritische Masse der Öffentlichkeit zu mobilisieren, was das Risiko einer Sanktionierung und damit den Reaktionsdruck erhöht. Hierzu trägt die hohe Präsenz der Organisationen und ihrer Aktionen in den Medien einen entscheidenden Teil bei (Suchanek & Lin-Hi, 2006).

Auch seitens der Finanzmärkte werden die Forderungen nach einer nachhaltigen Geschäftstätigkeit stärker (Knörzer, 2001). Institutionelle Investoren wie Banken oder Versicherungen berücksichtigen zunehmend Umwelt- und Sozialkennzahlen in ihren Unternehmens-, Chancen- und Risikobewertungen. Der Zugang zu Kapital wird dadurch von nachhaltigen Unternehmensleistungen abhängig (Cramer, 2002; Suchanek & Lin-Hi, 2006). Im Gegensatz zu Unternehmen, die keine Umweltmaßnahmen betreiben, können nachhaltige Unternehmen sowohl Anleger mit konventionellen Entscheidungskriterien als auch Anleger mit einer Orientierung an Nachhaltigkeitsaspekten ansprechen. Somit eröffnen sich nachhaltigen Unternehmen zusätzliche Investorengruppen und Finanzmittel. Da eine positive Bewertung von unternehmerischer Nachhaltigkeit die Bereitstellung von Kapital für entsprechende Investitionen begünstigt, fungiert der Finanzmarkt als wichtiger Multiplikator für die Verbreitung des Konzepts in den Unternehmen (Hardtke & Prehn, 2001).

Neben den Anforderungen der Öffentlichkeit und der Geldgeber sind die Interessen oder Vorgaben der Kunden, Mitarbeiter, des Gesetzgebers und der Wettbewerber treibende Kräfte für das nachhaltige Engagement der Unternehmen.

Die Ökosensibilisierung von Geschäftskunden und Endverbrauchern zeigt sich deutlich in einem hohen ökologischen Wissensstand, ausgeprägten ökologischen Einstellungen und ökologieorientierten Verhaltensweisen (Meffert & Bruhn, 1996). So informieren sie sich vor einem Kauf über die ökologischen Kriterien eines Produkts und beziehen diese in ihre Kaufentscheidung mit ein (Hansen & Schrader, 2005; Hardtke & Prehn, 2001). Zudem haben Konsumenten oftmals eine höhere Zahlungsbereitschaft für nachhaltige Produkte wie zum Beispiel für Ökostrom oder Öko-Lebensmittel (Plassmann & Hamm, 2009; Roe, Teisl, Levy & Russell, 2001). Insgesamt sind die Konsumenten anspruchsvoller geworden und erwarten dementsprechend von den Unternehmen, dass sie sowohl ihre Produkte als auch ihre Prozesse am Leitbild der Nachhaltigkeit ausrichten (Hansen & Schrader, 2005).

In vergleichbarer Weise sind auch die Ansprüche der Mitarbeiter, insbesondere der jüngeren Generation, gestiegen (Cramer, 2002). Demnach sieht sich ein Arbeitgeber den

Forderungen seiner (potenziellen) Mitarbeiter nach einer nachhaltigen Unternehmenspolitik gegenüber. Die Konformität der eigenen Wertvorstellungen mit denen des Arbeitgebers sowie die Anerkennung des Unternehmens in der Öffentlichkeit nehmen für Arbeitnehmer an Bedeutung zu (Hardke & Prehn, 2001). In diesem Zusammenhang konnten beispielsweise Montgomery und Ramus (2003) zeigen, dass europäische und nordamerikanische MBA-Studenten bei ihrer Stellenwahl den Ruf eines Unternehmens mitberücksichtigen. Über 90% der Befragten wären sogar bereit gewesen, auf finanzielle Leistungen zu verzichten, um für eine Organisation mit einem besseren Nachhaltigkeitsimage zu arbeiten.

Schließlich haben in den vergangen Jahrzehnten auch Gesetze und Verordnungen, die Unternehmen zu nachhaltigem Wirtschaften verpflichten, zugenommen oder sind strenger geworden (Epstein, 2008; Rogall, 2008). Beispiele hierfür sind die EU-Verordnung zur Registrierung, Bewertung, Zulassung und Beschränkung chemischer Stoffe (2006) oder das deutsche Gesetz für den Vorrang Erneuerbarer Energien (2008). Der Zwang zur Anpassung bestimmter nachhaltiger Aspekte kann aber auch von machtvollen Organisationen ausgehen, zu denen andere in einem Abhängigkeitsverhältnis stehen (Walgenbach, 2006). Daneben existieren außerdem zahlreiche Industriestandards, -normen und Selbstverpflichtungen wie der Corporate Governance Codex (Epstein, 2008; Koplin & Müller, 2009). Die Impulse hierfür gehen häufig von Marktführern aus, die Umweltschutz auf einem hohen Niveau betreiben. Insbesondere in Branchen mit starken Verbindungen zwischen den Akteuren sowie großer Unsicherheit bezüglich der weiteren Entwicklung umweltrelevanter Aspekte kommt es hierdurch zu mimetischen Prozessen (Sharfman *et al.*, 2004).

Zusammenfassend kann festgehalten werden, dass sich durch das Zusammenwirken der vielfältigen Triebkräfte das unternehmerische Umfeld entscheidend verändert hat. Verschiedene Anspruchsgruppen erwarten von den Unternehmen die Übernahme von Verantwortung für die natürliche Umwelt und können dieser Forderung aufgrund verbesserter Informations- und Kommunikationstechnologien und den damit verbundenen Sanktionsmöglichkeiten Druck verleihen.

2.3 Unternehmerische Motive für Nachhaltigkeit

Die systematische Integration von nachhaltigen Zielen und die Implementierung entsprechender Maßnahmen kann aus unterschiedlichen Motiven erfolgen, wobei für Unternehmen oftmals mehrere der dargestellten Motive gleichzeitig relevant sind (Dyllick, 2003a; Hahn & Scheermesser, 2006).

Compliance. In erster Linie stellt die Einhaltung der gesetzlichen Regelungen einen Beweggrund für nachhaltiges Engagement dar. Unternehmen erfüllen die Mindestanforderungen von Gesetzen und Verordnungen, da eine Nichteinhaltung zu Sanktionen in Form von Strafen und Bußgeldern führt (Epstein, 2008). Anstelle des Sanktionierungsrisikos können mächtige Akteure wie der Staat auch Belohnungen, zum Beispiel monetäre Anreize, für die Erfüllung von Vorgaben in Aussicht stellen. Hinter dem gesetzeskonformen Verhalten von Unternehmen steht in beiden Fällen ein Kosten-Nutzen-Kalkül (Scott, 2001).

License to operate. Darüber hinaus ist die Sicherung der license to operate ein Ziel, das Unternehmen mit Hilfe von nachhaltigen Maßnahmen zu erreichen versuchen. Hiermit ist die soziale Akzeptanz und Legitimität eines Unternehmens gemeint, die neben der Legalität eine Voraussetzung für das dauerhafte Bestehen darstellt. Unternehmen vermeiden Konflikte mit ihren Stakeholdern und kommen ihren Anforderungen und Erwartungen nach, da sie ihnen andernfalls die license to operate entziehen könnten (Dyllick, 2003a; Dyllick & Hamschmidt, 2000; Zentes *et al.*, 2010). Dieser Gefahr soll durch den Aufbau von Loyalität und Vertrauen vorgebeugt werden. Eine aktive Berücksichtigung der Stakeholderinteressen dient demnach der langfristigen Beziehungs- und Erfolgssicherung des Unternehmens (Epstein, 2008; Lin-Hi, 2009).

Identitätsorientierte Motive. Die persönliche Überzeugung der Unternehmensführung, durch nachhaltige Maßnahmen zum Umweltschutz beizutragen, kann ebenfalls ein möglicher Beweggrund sein (Peloza & Shang, 2011). Die Übernahme von Verantwortung für Umwelt und Soziales geschieht aus einem ethisch-moralischen Verpflichtungsgefühl heraus, welches auf dem unternehmerischen Selbstverständnis und dem Unternehmerethos beruht (Epstein, 2008; Lin-Hi, 2009; Rabbe & Welge, 2009). Aufgrund ihrer Entscheidungsfreiheit können Geschäftsführer und Manager die unternehmerischen Aktivitäten mit ihren moralischen Interessen in Einklang bringen (Hemingway & Maclagan, 2004). Die Wertvorstellungen des Managements und der persönliche Einsatz für den verantwortungsvollen Umgang mit Ressourcen können darüber hinaus die

Unternehmenskultur positiv beeinflussen. Hierdurch wird das (Entscheidungs-)Verhalten und die Eigeninitiative der Mitarbeiter geprägt, die damit ihrerseits den Anstoß für nachhaltiges Engagement geben können (Rabbe & Welge, 2009).

Wertorientierte Motive. Schließlich können hinter dem nachhaltigen Engagement von Unternehmen wertorientierte Motive stehen, die jedoch allein (bislang) nicht ausreichend für die Implementierung nachhaltiger Maßnahmen zu sein scheinen (Graafland & Ven, 2006; Wagner & Schaltegger, 2002; Zentes *et al.*, 2010). Einerseits handelt es sich hierbei um rein monetäre Motive wie Kostensenkungen oder die Erhöhung des Aktionärswertes (Rabbe & Welge, 2009). Andererseits sind auch marktbezogene Motive relevant. So kann aktive Nachhaltigkeit preis- und absatzfördernde Effekte, wie eine Steigerung des Umsatzes, bewirken (Epstein, 2008). Zudem besteht die Möglichkeit, durch die Realisierung von Differenzierungsvorteilen und Ausnutzung von Marktpotenzialen die Wettbewerbsfähigkeit zu verbessern. Eine nachhaltige Unternehmenspolitik verhilft demnach zur Erschließung von Innovationspotenzialen und neuen strategischen Geschäftsfeldern sowie zur Gewinnung und Bindung von Kunden (Dyllick, 2003b; Rabbe & Welge, 2009).

3. Wertschöpfung durch nachhaltige Maßnahmen

Nachhaltige Maßnahmen, die über das gesetzliche Mindestmaß hinausgehen, werden langfristig nur eingesetzt, wenn sie zur Generierung ökonomischer Vorteile beitragen. Aufgrund dessen soll in diesem Kapitel „die ökonomische Logik und Wirkung unternehmerischer Nachhaltigkeit“ (Schaltegger & Hasenmüller, 2005; S. 8) ergründet werden.

3.1 Begriffsbestimmung Wertschöpfung

Die Wirtschaftlichkeit einer (nachhaltigen) Maßnahme stellt für die Unternehmensführung ein wichtiges Kriterium bei der Entscheidung für oder gegen die Implementierung dieser dar. Dabei sind einzelne Aktivitäten als Bestandteil der Geschäftsprozesse zu verstehen, die in unterschiedlicher Art zur Wertschöpfung beitragen (Pepels, 2005). Aufgrund dessen stellt der Leistungserstellungsprozess einen sinnvollen Ausgangspunkt für die Annäherung an den in der Betriebswirtschaft uneinheitlich verwendeten Wertbegriff dar. Die Bearbeitung von Ressourcen erfolgt durch die Ausführung von Wertschöpfungsaktivitäten. Primäre Wertaktivitäten sind strategisch relevante Tätigkeiten im Zusammenhang mit dem physischen Produktionsprozess, dem Verkauf und der Übermittlung an die Abnehmer. Sekundäre Wertaktivitäten, wie beispielsweise die Personalwirtschaft, unterstützen die Ausführung der primären Aktivitäten, indem sie benötigte Inputfaktoren bereitstellen oder infrastrukturelle Grundlagen schaffen (Porter, 1999). Die Differenz zwischen dem Ergebnis dieses Leistungserstellungsprozesses und dem Input wird als (Mehr-)Wert oder Wertschöpfung bezeichnet (Wunderer & Jaritz, 2007). Diese Input-Output-Transformation stellt einen Beitrag zur Erreichung des obersten Unternehmensziels dar: die langfristige Existenz- und Erfolgssicherung (Bartsch & Schlagwein, 2010). In einem marktwirtschaftlichen System müssen hierfür ausreichende monetäre Erfolge erwirtschaftet werden. Des Weiteren muss das Unternehmensrisiko begrenzt sowie das Unternehmenswachstum sichergestellt werden (Pape, 2010). Etabliert hat sich in diesem Zusammenhang das Konzept der Wertorientierung, welches auf eine Steigerung des finanziell bewerteten Unternehmenswerts ausgerichtet ist und damit die Interessen der Shareholder in den Vordergrund stellt (Gleißner & Weissmann, Jahr; Wildermann, 2007). Dies basiert auf dem Verständnis, dass sich in einer Marktwirtschaft das Recht zur Mitsprache bei Unternehmenszielen allein aus dem Eigentum am Unternehmen ergibt und der alleinige Gewinnanspruch als Äquivalent zum Eigentümerrisiko angesehen wird (Gladen, 2008; Rappaport, 1998). Daraus folgt, dass sich die Unternehmensführung an der Maximierung des Shareholder Values, der nach Rappaport (1998) mit dem Discounted-Cashflow-Verfahren berechnet wird, orientieren soll.

Langfristig kann eine Wertsteigerung jedoch nur realisiert werden, wenn neben den Interessen der Shareholder auch die der Stakeholder berücksichtigt werden. Der Grund hierfür ist, dass Unternehmen für ihr dauerhaftes Fortbestehen nicht nur ökonomisches Kapital benötigen sondern auch andere Kapitalformen wie natürliches Kapital oder Humankapital, und zudem ihre gesellschaftliche Akzeptanz sichern müssen (Figge & Hahn, 2005; Freeman 1984). Stakeholder stellen ihre Ressourcen jedoch nur dann für das Unternehmen zur Verfügung, wenn die individuelle Transaktionsbeziehung für sie vorteilhaft ist (Gudet & Scheiviller, 2002; Schaltegger & Burritt, 2000; Sheth, Newman & Gross, 1991). Trotz zuweilen auftretender Zielkonflikte zwischen Shareholdern und Stakeholdern, sollten diese Konzepte nicht als widersprüchlich sondern als komplementär verstanden werden (Figge & Schaltegger, 2000). Eine solche Harmonisierung des Shareholder-Value-Ansatzes und des Stakeholder-Ansatzes vereinbart kurzfristige Ziele mit mittel- und langfristigen Zielen sowie qualitative mit quantitativen Zielen (Bartsch & Schlagwein, 2010), was dem Leitbild einer nachhaltigen Entwicklung entspricht (Majer, 2000).

Eine auf die konsistente Verfolgung der Shareholder-Interessen ausgerichtete Unternehmensführung, die dabei weder die Anliegen der Stakeholder noch die Sicherstellung der Wettbewerbsfähigkeit vernachlässigt (Rappaport, 1998), integriert sowohl den markt- als auch den ressourcenorientierten Ansatz der strategischen Führung (Hahn, 1998). Auch diese Managementkonzepte zielen letztendlich auf eine Wertsteigerung ab, die sich aus der Ausnutzung von strategischen Erfolgspositionen ergibt (Wunderer & Jaritz, 2007). Diese Erfolgspositionen werden durch „einen kunden- und wettbewerbsorientierten Ressourceneinsatz“ (Hahn, 1998; S. 568) sowie ein entsprechendes Prozessmanagement aufgebaut und können von Wettbewerbern nicht oder höchstens durch einen beträchtlichen Mitteleinsatz erreicht werden (Kirsch, 1990). Der Hauptvertreter des marktorientierten Ansatzes, Michael E. Porter, betont die Abhängigkeit des Unternehmenserfolges vom Wettbewerbsumfeld und den Gestaltungsmöglichkeiten des Leistungserstellungsprozesses. Auf Basis von Branchenstruktur- und Wertkettenanalyse positioniert sich ein Unternehmen erfolgreich und kann durch die Strategie der Differenzierung, Kostenführerschaft oder Nischenkonzentration einen kundennutzenstiftenden Wettbewerbsvorteil erzielen (Porter, 1999). Vertreter des ressourcenorientierten

Ansatzes heben die Wichtigkeit des Aufbaus und der Weiterentwicklung von tangiblen und intangiblen Ressourcen sowie Humanressourcen für die strategische Erfolgsposition hervor (Grant, 1998). Die unternehmensspezifische Kombination von Ressourcen und organisationalen Fähigkeiten zu sogenannten Kernkompetenzen, die durch „Nutzenvorteile für den Kunden, ihre Einzigartigkeit und ihre Verteidigungsfähigkeit" (Hahn, 1998; S. 567) charakterisiert werden, führt zur Realisierung eines Wettbewerbsvorteils (Barney, 1991; Prahalad & Hamel, 1990). Dies trifft besonders auf intangible oder sozial komplexe Ressourcen zu, die auf den Fähigkeiten der Mitarbeiter basieren und durch Lernerfahrungen und eine unternehmensweite Koordination entwickelt werden (Barney, 1991).

Die Orientierung an der Maximierung des Shareholder Values ermöglicht die Synthese dieser Erkenntnisse. So können Marktchancen und Kernkompetenzen optimal kombiniert werden, was die Grundlage eines Wertzuwachses darstellt (Hahn, 2006). Dabei sind jene Strategien, die den höchsten Shareholder Value hervorbringen, auch diejenigen, die dem Unternehmen den größten Wettbewerbsvorteil verschaffen (Rappaport, 1998).

Diese Sichtweise wird den folgenden Ausführungen zu Grunde gelegt. Deshalb kann Wertschöpfung als Beitrag zur Erreichung finanzieller, marktlicher und/oder operativer Erfolgsziele definiert werden. Die Begriffe ökonomische Wertschöpfung, Wertsteigerung und Wertzuwachs werden synonym verwendet. Da sich Maßnahmen aber nicht nur positiv auf den Unternehmenswert auswirken, wird mit dem Begriff „Wertvernichtung" die Verminderung des Unternehmenswertes und mit dem Begriff „Wertneutralität" der unveränderte Unternehmenswert bezeichnet. Außerdem wird der Zusammenhang von Nachhaltigkeit und Wertschöpfung durch die ökonomisch-ökologische Effizienz (kurz: Öko-Effizienz) beschrieben. Diese ist definiert als das Verhältnis von Wertschöpfung zu ökologischer Schadschöpfung, wobei Schadschöpfung das Maß für die Summe aller nach ihrer relativen Umweltschädlichkeit beurteilten Wirkungen darstellt (Schaltegger *et al.,* 2003). Dementsprechend trägt eine nachhaltige Maßnahme zur Verbesserung der Öko-Effizienz bei, wenn konstante Umweltentlastung mit einem geringeren Aufwand erreicht werden kann oder bei gleichbleibendem Aufwand eine größere Umweltentlastung erzielt werden kann.

3.2 Mögliche Wirkungsmechanismen

Zur möglichen grundsätzlichen Wirkung von Corporate Sustainability auf die ökonomische Wertschöpfung haben sich zwei unterschiedliche Denkschulen entwickelt. Auf der einen Seite wird die These vertreten, dass eine negative Wirkungsbeziehung besteht und demnach jede nachhaltige Maßnahme, die über die gesetzlichen Anforderungen hinausgeht, zu einer Wertvernichtung führt (Walley & Whitehead, 1994). Dies wird in Abbildung 3 durch den fallenden Verlauf der gestrichelten Kurve dargestellt. Auf der anderen Seite wird postuliert, dass nachhaltige Maßnahmen zur Wertschöpfung beitragen und dementsprechend ein positiver Wirkungszusammenhang existiert, was in Abbildung 3 anhand des steigenden Verlaufs der durchgezogenen Kurve veranschaulicht wird (Porter & Linde, 1995a, 1995b). Dieser Effekt gilt allerdings nicht unbegrenzt, sondern nur bis zum Erreichen einer kritischen Masse. Dies wird in Abbildung 3 durch den Scheitelpunkt A verbildlicht. Alle zusätzlichen Maßnahmen verringern die Wertsteigerung eines Unternehmens, weshalb der Zusammenhang durch eine umgekehrt U-förmige Kurve abgebildet wird (Schaltegger & Synnestvedt, 2001). Es wird deutlich, dass weniger die Anzahl nachhaltiger Maßnahmen für die Wertschöpfung entscheidend ist, als vielmehr die Art und Weise der Ausgestaltung des Nachhaltigkeitsmanagements (Schaltegger & Hasenmüller, 2005).

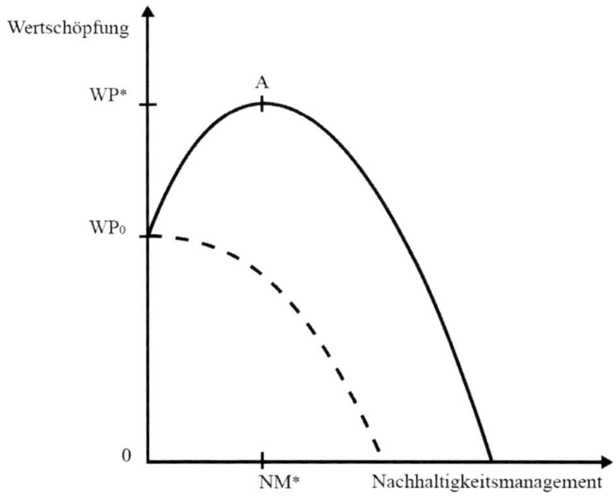

Abbildung 3: Mögliche Zusammenhänge zwischen Nachhaltigkeitsmanagement und Wertschöpfung
Quelle: Eigene Abbildung. In Anlehnung an Schaltegger & Synnestvedt, 2001.

Eine ökonomische Bewertung der Wirkung von nachhaltigen Maßnahmen muss bei den konventionellen Treibern und Variablen des wirtschaftlichen Erfolges ansetzen. Dabei handelt es sich nach Schaltegger & Hasenmüller (2005) um Kosten, Umsatz, Preis, Gewinnmarge, Risiko, Reputation, intangible Werte und Markenwert. Hierauf aufbauend erfolgt in dieser Arbeit eine Analyse der ökonomischen Kosten, Erlöse und Risiken, wobei diese Bezeichnungen gemäß des für diese Arbeit spezifizierten Wertschöpfungsbegriffs weiter gefasst sind als die entsprechenden buchhalterischen Begriffe (Lankoski, 2006). Die Treiber Umsatz und Preis werden unter dem Überbegriff „Erlös" zusammengefasst. Da des Weiteren Veränderungen der Gewinnmarge durch Kosten- und/oder Erlöswirkungen herbeigeführt werden, wird auch diese Variable nicht separat analysiert. Aufgrund des indirekten Wirkungseinflusses von Reputation, intangiblen Werten, Markenwert sowie weiteren Faktoren auf die ökonomischen Treiber Kosten, Erlös und Risiko kann das in Abbildung 4 dargestellte Wirkungsmodell aufgestellt werden. Es basiert auf der Annahme, dass nicht in jedem Fall ein direkter Zusammenhang zwischen Nachhaltigkeitsmanagement und Wertschöpfung besteht, sondern auch Mediatoren den Zusammenhang vermitteln (Schaltegger & Synnestvedt, 2001). Diese Mediatoren sind höchst vielfältig und können sich zudem ständig ändern, weshalb das in Abbildung 4 dargestellte Modell nicht den Anspruch der Allgemeingültigkeit oder Vollständigkeit erhebt. Ferner ist zu beachten, dass auch zwischen den Mediatoren Wirkungsbeziehungen bestehen können. Beispielsweise beeinflusst die Reputation auch die Beziehung zu den Stakeholdern. Das Kausalmodell bildet überdies die Erkenntnisse aus Kapitel 2.2 und Kapitel 2.3 ab, um den Gesamtzusammenhang der folgenden Ausführungen zu verdeutlichen.

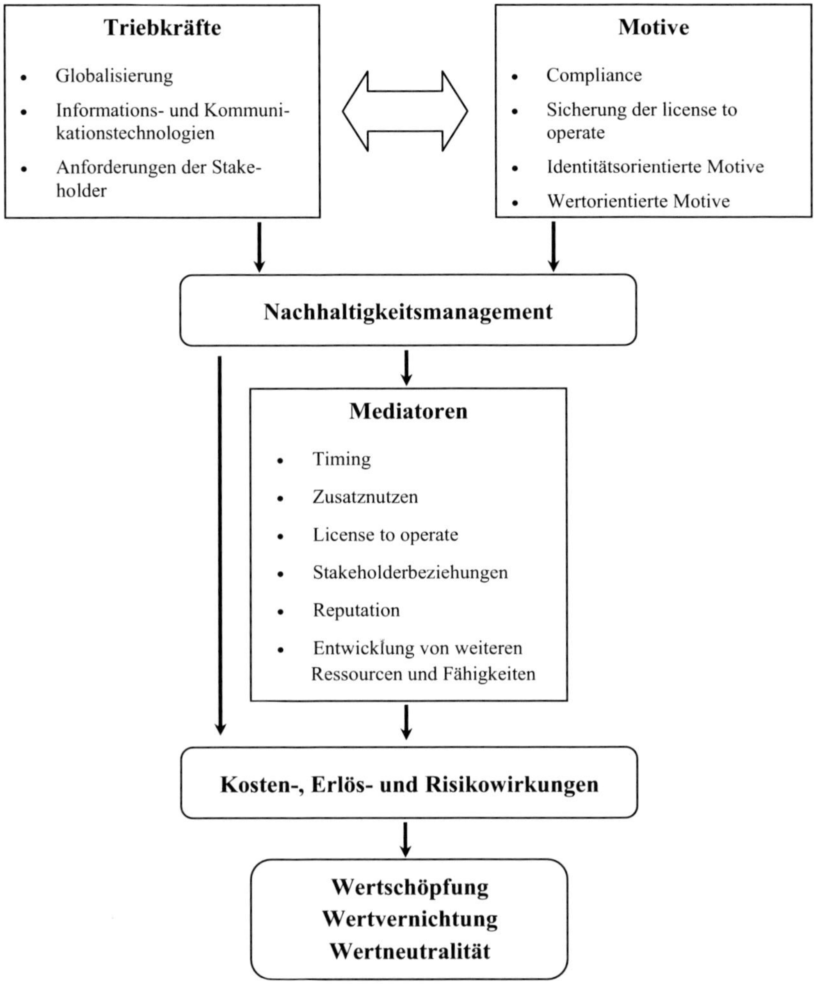

Abbildung 4: Kausalmodell Nachhaltigkeitsmanagement
Quelle: Eigene Darstellung

3.2.1 Kostenwirkungen

Kostensteigerungen. Gemäß der traditionalistischen Sichtweise führen nachhaltige Maßnahmen zu direkten Kostensteigerungen (Wagner, Schaltegger & Wehrmeyer, 2001). Das Kernargument dieses Ansatzes ist, dass erhöhte Umweltschutzbestimmungen die Nutzbarkeit des Produktionsfaktors Umwelt zunehmend einschränken und Investitionen erforderlich machen, ohne die Möglichkeit zu bieten, die entstandenen

Kosten an die Kunden weiterzugeben oder zusätzliche Einnahmequellen zu generieren (Schaltegger & Burritt, 2000; Wilkens, 2007; Palmer, Oates & Portney, 1995).

Eine Erhöhung der Kapitalkosten resultiert aus dem Erwerb von Gebäuden und/oder technischen Anlagen, die zur Schadstoffbekämpfung oder -vermeidung beitragen. Außerdem kann es durch die hiermit verbundene Umstellung zu obsoletem Kapital kommen (Jaffe, Peterson, Portney & Stavins, 1995). Ein weiteres Argument für die negative Kostenwirkung nachhaltiger Maßnahmen sind Opportunitätskosten. Durch die Investition von Managementkapazitäten und finanziellen Ressourcen können andere Investitionen, die unter Umständen eine höhere Rentabilität hätten, nicht getätigt werden (Palmer *et al.,* 1995). Bestimmte strategische Alternativen werden darüber hinaus durch eine nachhaltige Unternehmenspolitik per se begrenzt. Beispielsweise werden Standortwechsel oder andere Investitionsmöglichkeiten in ökologisch belastete Gebiete trotz kostengünstigerer Konditionen vermieden (McGuire, Sundgren & Schneeweis, 1988).

Die Neuartigkeit, die bessere Qualität und/oder die geringe Umweltbelastung nachhaltiger Produkte und Prozesse können eine Steigerung der Materialkosten zur Folge haben. Ein Beispiel hierfür ist der Einkauf lokal produzierter anstelle von günstigeren, importierten Materialien, da eine Verkürzung des Transportwegs zur Verbesserung der Öko-Effektivität beiträgt (McWilliams & Siegel, 2001). Außerdem können nachhaltige Maßnahmen den Umfang an benötigten Werk-, Hilfs- und Betriebsstoffen erhöhen. So müssen für Installation, Betrieb, Instandhaltung und Wartung neuer Anlagen zusätzlich Energie sowie Reparaturmaterialien eingesetzt werden (Burschel *et al,* 2004; Schaltegger & Hasenmüller, 2005). Der zusätzliche Arbeitsaufwand und das hierfür benötigte, spezifische Know-How erfordert eine Erhöhung der Personalkapazität. Dies erhöht die Personalkosten beziehungsweise Fremdleistungskosten, da qualifiziertes Personal akquiriert, Mitarbeiter geschult und Beratungsleistungen eingekauft werden müssen (Burschel *et al.,* 2004; Dyllick & Hamschmidt, 2000; Jaffe *et al.*, 1995).

Kostensenkungen. Im Gegensatz zur traditionellen Perspektive wird aus revisionistischer Sichtweise postuliert, dass durch nachhaltige Aktivitäten langfristig Kosten gesenkt werden können (Wagner *et al.,* 2002). Grundlage hierfür sind sogenannte Wert verbessernde Innovationen, durch die gleichzeitig eine Verbesserung der Umweltperformance und der Produkte und/oder Prozesse eines Unternehmens erzielt wird (Porter & Linde, 1995a, 1995b). Diese Innovationen werden durch die proaktive Beschäftigung mit dem Nachhaltigkeitsthema angetrieben, wobei insbesondere Unternehmen, die hohen Kosten für umweltbelastende Aktivitäten gegenüberstehen, einen Anreiz haben, nach neuen umweltfreundlicheren Produktionsansätzen und Technologien zu forschen (Wagner *et al.*, 2002). Dies geht mit einer Veränderung der Routinen und Betriebsabläufe einher. Hierfür ist eine organisationsweite oder sogar organisationsübergreifende Koordination und Kombination von verschiedenen Ressourcen sowie die Sicherstellung des Informationsflusses erforderlich ist (Aragón-Correa, Hurtado-Torres, Sharma & García-Morales, 2008; Shrivastava, 1995). Die Einbeziehung unterschiedlicher Funktionen stellt einen komplexen (Lern-)Vorgang dar, dessen Bewältigung von dem Aufbau oder besser gesagt von der Entwicklung organisationaler Fähigkeiten zeugt. Diese können zu einem Wettbewerbsvorteil führen, da unternehmensspezifisches Wissen aufgebaut wird, welches gar nicht oder nur durch den Einsatz hoher Kosten von Konkurrenten imitiert werden kann (Hart, 1995; Russo & Fouts, 1997). Im Sinne der Konsistenz- und Effizienzstrategie zielen die Innovationen auf die Reduzierung oder Vermeidung von Ressourceneinsatz ab, was direkte Kostensenkungen im Bereich der Beschaffung, Herstellung, Lagerung und des Transports ermöglicht. Beispiele sind die Vermeidung von unnötigen Verpackungen oder die Verringerung des Energie- und Wasserverbrauchs. Auch Entsorgungskosten können vermindert werden, indem Abfall recyclet oder in wertvollere Formen umgewandelt wird (Gege, 1997; Paech & Pfriem, 2002; Porter & Linde, 1995a). Darüber hinaus können durch Nachhaltigkeit gesetzliche Regulierungskosten gesenkt oder vermieden werden, da weniger Umweltsteuern und -abgaben anfallen sowie weniger Emissionsrechte erworben werden müssen. Darüber hinaus können aufgrund der Rechtssicherheit bei Befolgung der gesetzlichen Anforderungen Strafen, Haftungs- und Prozesskosten vermieden werden (Lankoski, 2006; Margolis & Walsh, 2001). Beispielsweise gilt in Deutschland das Umwelthaftungsgesetz (UHG), wonach Anlagenbetreiber für Schäden an Sachen oder Personen, die auf Umwelteinwirkungen von Anlagen wie etwa Müllverbrennungsanlagen zurückzuführen sind, über die Zeit der Stilllegung hinaus haften (Dyckhoff, 2000).

Weitere Kostensenkungen sind im Gegensatz zu Kostensteigerungen durch Umweltmaßnahmen weniger offensichtlich, da sie indirekt wirksam werden (Schaltegger & Hasenmüller, 2005).

So eröffnen sich einige Kostenreduktionspotenziale nur bei einem im Vergleich zu den Konkurrenten früheren Timing. Da anzunehmen ist, dass Verordnungen und Standards künftig strenger werden, haben Unternehmen, die dies antizipieren und nachhaltige

Maßnahmen bereits über das gesetzliche Mindestmaß hinaus implementieren, eine Reihe von Vorteilen. Störungen der Betriebsabläufe im Zusammenhang mit der Entwicklung und Implementierung von Maßnahmen zur Erfüllung von neuen Umweltauflagen können minimiert werden, da eine schnelle Reaktion auf die Veränderung möglich ist oder unter Umständen gar nicht nötig ist (Christmann, 2000; Klassen & McLaughlin, 1996; Nehrt, 1996). Daneben führt ein frühes Timing von nachhaltigen Maßnahmen dazu, dass kostensenkende Skalen- und Lerneffekte wie zum Beispiel fallende Einzelmaterialkosten vor der Konkurrenz wirksam werden. Dadurch ergibt sich zu einem bestimmten Zeitpunkt ein relativer Kostenvorteil (Christmann, 2000; Nehrt, 1996). Gleichzeitig kann sich der First-Mover einen bevorzugten oder exklusiven Zugang zu wichtigen, aber begrenzten Ressourcen wie zum Beispiel Rohstoffen sichern und hierdurch einen Wettbewerbsvorteil erreichen (Hart, 1995). Ein proaktives Nachhaltigkeitsengagement erlaubt darüber hinaus die Einflussnahme auf die Entwicklung zukünftiger Umweltregelungen. Dies ist in zweifacher Hinsicht vorteilhaft: Einerseits kann die relative Kostenposition verbessert werden, da Konkurrenten zur Erfüllung der neuen Regelungen gezwungen werden und dadurch zusätzliche Investitionen aufbringen müssen (Christmann, 2000; Hart, 1995). Andererseits kann hierdurch auch die Beziehung zu den Behörden verbessert und deren Akzeptanz gesichert werden. Dieser Vertrauensvorschuss kann den Zugang zu öffentlichen Fördermitteln vereinfachen (Burschel *et al.*, 2004).

Wie bereits in Kapitel 2.2 erläutert sind neben dem Gesetzgeber auch andere Anspruchsgruppen zunehmend an Nachhaltigkeit interessiert. Mit der Einführung nachhaltiger Maßnahmen erkennt ein Unternehmen die Bedeutung der natürlichen Umwelt offiziell an und kommt damit den Stakeholder-Interessen entgegen beziehungsweise integriert deren Vorstellungen sogar in Entscheidungen beispielsweise im Bereich des Produktdesigns (Hart, 1995). Dies erlaubt umweltbewussten Stakeholdern eine leichtere Identifizierung mit dem Unternehmen und trägt zum Vertrauensaufbau bei, wodurch die Beziehung verbessert wird (Feldman, Soyka & Ameer, 1997). Die hierdurch zu erwartende Sicherung der license to operate sowie die aktive Unterstützung der Stakeholder ermöglicht verschiedene Kostensenkungen (Peloza & Papania, 2008; Maignan & Ferrell, 2004). Beispielsweise führt eine Festigung der Kundenbeziehung zu einer höheren Kundenzufriedenheit, weshalb es häufiger zu Weiterempfehlungen des Unternehmens und seiner Produkte kommt. Durch diese positive Mundwerbung der Kunden können Akquisitionskosten gesenkt werden (Gladen, 2008). Die positive Bewertung nachhaltigen Engagements von Investoren erleichtert den Zugang zu Kapital und ermöglicht die Senkung der Kapitalkosten (Burschel *et al.*, 2004).

In diesem Zusammenhang ist der Ruf eines Unternehmens von großer Bedeutung, da dieser insbesondere von Stakeholdern, zu denen noch keine direkte Verbindung besteht, als Signal für das nachhaltige Engagement und damit die Vertrauenswürdigkeit des Unternehmens aufgefasst wird. Roberts und Dowling (2002) argumentieren, dass hierdurch Vertragskosten und Monitoringkosten verringert werden können, da Zulieferer geringere vertragliche Schwierigkeiten bei den Transaktionen befürchten. Auch Personalkosten könnten reduziert werden, da nachhaltige Unternehmen qualifiziertere Bewerber anziehen und nach einer Einstellung langfristig an sich binden können. Außerdem sind die Angestellten trotz eines hohen Engagements für den Arbeitgeber eher bereit für eine geringere Vergütung zu arbeiten. Die Akkumulation dieser Humanressourcen kann die Quelle eines Wettbewerbsvorteils sein, da qualifiziertes Personal knapp ist und damit eine Besonderheit gegenüber dem Wettbewerb darstellt (Surroca, Tribó & Waddock, 2010).

Insgesamt können die erläuterten Kostenreduktionen für eine kompetitive Preissetzung genutzt werden, wodurch eine Preisführerschaft erzielt werden kann (Porter, 1999; Schaltegger & Hasenmüller, 2005).

3.2.2 Erlöswirkungen

Erlössenkungen. Die (wahrgenommene) Qualität von Produkten und Dienstleistungen wird von nachhaltigen Produkt- und Dienstleistungseigenschaften, dem Erzeugungsprozess, sowie den Charakteristika der Konsum- und Nach-Konsumphase beeinflusst (Dyllick, 2003b). Nachhaltige Attribute wie eine materialextensivere Verpackung können dazu führen, dass Konsumenten ein Produkt wegen des äußeren Erscheinungsbildes oder der Funktionalität als weniger attraktiv oder hochwertig bewerten und daher eine geringere Zahlungsbereitschaft haben. Aus diesem Grund kann es zu einem verringerten Absatzvolumen oder Verkaufspreis kommen (Lankoski, 2006). Insbesondere nachhaltige Verbesserungen im Herstellungsprozess sind nur schwer am Markt durchzusetzen, da sie dem Kunden nur indirekte Vorteile bringen und dadurch die Akzeptanz nicht unbedingt erhöhen (Dyllick, 2003b). In vergleichbarer Weise ist denkbar, dass Kunden zwar bereit sind, für die Reduktion lokaler Umweltschäden mehr zu zahlen, nicht jedoch für die Reduktion von globalen Umweltschäden (Pearson & Fouquet, 1996).

Erlössteigerungen. Direkte Erlössteigerungen durch Nachhaltigkeitsmanagement resultieren aus zusätzlichen Einnahmen von Altstoffverkäufen wie zum Beispiel Abfallprodukten oder aus dem Outsourcing ökologischer Expertise (Cordano, 1993). Daneben kann durch steuerliche Vergünstigungen wie Subventionen oder Zuschüssen die Gewinnmarge verbessert werden (Burschel *et al.*, 2004).

Darüber hinaus sind eine Reihe indirekter Wirkungen möglich. So eröffnen die bereits zuvor erwähnten Wert verbessernden Innovationen nicht nur Kostensenkungspotenziale, sondern führen über zusätzliche, ökologische Produkteigenschaften oder Neuprodukte zu Erlössteigerungen (Porter & Linde, 1995a). Höhere Produktqualität durch verbesserte Sicherheit oder Umweltfreundlichkeit sowie günstigere Folge- und Entsorgungskosten oder ein höherer Wiederverkaufs-/Schrottwert stellen für Abnehmer einen Zusatznutzen dar und erhöhen deshalb die Zahlungs- und Kooperationsbereitschaft (Fichter, 1998; Schaltegger & Figge, 1998). Dazu tragen Signale wie Zertifizierungsprogramme mit entsprechenden Öko-Labels, Pressemitteilungen oder Werbemaßnahmen entscheidend bei. Denn durch sie wird die Vorteilhaftigkeit nachhaltiger Maßnahmen an den Abnehmer kommuniziert und auf den Unterschied zu weniger nachhaltigen Produkten aufmerksam gemacht (Carter, Kale & Grimm, 2000; Feldman *et al.*, 1997; Klassen & McLaughlin, 1996; McWilliams & Siegel, 2001). Ökologische Nachhaltigkeit stellt somit eine neue Differenzierungsgrundlage dar und ermöglicht den Unternehmen daher, höhere Preise für ihre nachhaltigen Produkte zu verlangen (Christmann, 2000; Gallarotti, 1995; Klassen & McLaughlin, 1996; Porter & Linde, 1995a). Daneben können Marktanteile langfristig gesichert oder neu hinzugewonnen werden sowie neue ökologische Geschäftsfelder und Marktnischen erschlossen werden, wodurch das Verkaufsvolumen steigt (Fichter, 1998; Schaltegger & Burritt, 2000). Nachhaltige Maßnahmen können demnach zu Umsatzwachstum und Steigerung der Gewinnmarge beitragen, wenn durch sie Kundenzusatznutzen generiert wird und hierdurch Einmaligkeit signalisiert werden kann. Bestehende Konsumenten können in diesem Fall davon überzeugt werden, höhere Preise zu zahlen oder größere Mengen zu kaufen. Außerdem können neue Kunden, sowohl durch den Eintritt in neue Märkte als auch durch das Abwerben von Kunden der Konkurrenz, gewonnen werden (McWilliams & Siegel, 2001; Edwards, 1998). Für den Erfolg einer ökologischen Differenzierungsstrategie ist allerdings eine hohe Glaubwürdigkeit des Unternehmens in der Öffentlichkeit unabdingbar (Fichter, 1998).

In diesem Kontext wirkt auch die Unternehmensreputation positiv auf den Erlös. Da Konsumenten dem Kontakt und den Transaktionen mit hoch angesehenen Unternehmen großen Wert beimessen (Roberts & Dowling, 2002), vereinfacht ein guter Nachhaltigkeitsruf die Neukundengewinnung und ermöglicht den Zugang zu umweltbewussten Marktsegmenten. Außerdem können Loyalität und Vertrauen von bereits bestehenden Kunden gestärkt, Verkaufsaktivitäten unterstützt und der Markenwert verbessert werden (Peloza & Papania, 2008). All dies führt zu einer steigenden Wiederkaufrate von Produkten und vermehrten Cross-Selling, das heißt zu einer Steigerung der Umsätze anderer Produkte desselben Anbieters (Gladen, 2008). Da der Ruf eines Unternehmens dem Konsumenten auch als Signal für die Qualität der Produkte und Dienstleistungen dient, insbesondere in unsicheren Situationen wie beim Kauf eines neuen Produkts, führt eine gute Reputation zu sinkender Preissensibilität (Roberts & Dowling, 2002). Zudem wirkt sich das Image positiv auf aktuelle und potenzielle Arbeitskräfte aus. Unternehmen, die aktiv nachhaltige Entwicklung betreiben, haben einen Vorteil bei der Rekrutierung hochqualifizierter Arbeitnehmer, verfügen über eine geringere Fluktuation und eine höhere Mitarbeitermotivation (Leitschuh-Fecht & Steger, 2003; Loew & Clausen, 2010; Schaltegger & Burritt, 2000). Dies impliziert, dass Arbeitnehmer ein hohes Engagement für ihre Arbeit zeigen und Initiativen ergreifen, was Innovationen begünstigt und somit Erlössteigerungen herbeiführen kann (Maignan & Ferrell, 2004; Surroca *et al.*, 2010). Schließlich dient ein gutes Image auch als Puffer des „Goodwills“, das heißt, Reaktionen von Stakeholdern werden abgemildert. Dadurch muss auch in Krisenzeiten nicht die Entziehung der license to operate befürchtet werden, sondern es kann stattdessen zunächst mit Rückhalt und Unterstützung gerechnet werden (Fombrun & Wiedmann, 2001; Godfrey, Merril & Hansen, 2008). Wie bereits erwähnt, muss hierfür aber langfristig eine kooperative Beziehung zu den Stakeholdern bestehen (Wilkens, 2007). Genauso wie die zuvor beschriebene Fähigkeit zur Einbeziehung unterschiedlichster Organisationsmitglieder in den Innovationsprozess kann auch die Fähigkeit zum Aufbau und zur Aufrecherhaltung solcher Beziehungen von außen kaum beobachtet werden. Die Imitation ist daher sehr schwer, weshalb die Entwicklung dieser Fähigkeit zu einem Wettbewerbsvorteil beitragen kann (Hart, 1995; Russo & Fouts, 1997).

Letztlich kann das Timing der Einführung einer nachhaltigen Innovation den Zusammenhang zwischen Nachhaltigkeit und ökonomischen Erfolg beeinflussen. So erlaubt ein früher Markteintritt beispielsweise die Realisierung des Pioniergewinns, der durch die Monopolstellung des Unternehmens und der damit verbundenen freien Produktplatzierung zum Zeitpunkt der Produkteinführung erzielt werden kann (Ofek & Turut, 2008). Ferner können durch die Etablierung einer Marktführerschaft hohe Eintrittsbarrieren zum Beispiel durch Sicherung von Patenten oder Durchsetzung von Produktstandards aufgebaut werden. Diese erhalten die Wettbewerbsposition auch beim Eintritt von Imitatoren langfristig und maximieren somit die Dauer der Wertsteigerung (Hart, 1995; Schaltegger & Figge, 1998; Schnaars, 1994; Hardtke & Prehn, 2001). Dies trifft besonders für international agierende Unternehmen zu, die aufgrund strikterer Gesetze in ihren Heimatländern nachhaltigere Produkte als die nationalen Hersteller der Gastländer anbieten und dadurch einen Vorsprung in diesen Ländermärkten haben (Gallarotti, 1995; Porter & Linde, 1995a).

3.2.3 Risikowirkungen

Unter Risiko wird in dieser Arbeit die Gefahr verstanden, dass Unternehmensziele nicht erreicht werden (Balderjahn, 2004). Es existieren sowohl systematische Risiken, die eine ganze Branche betreffen, als auch unsystematische Risiken, die einzelne Unternehmen direkt treffen. Diese Risiken können sowohl ökonomisch, ökologisch als auch gesellschaftlich induziert sein wie beispielsweise durch die Kontaminierung von Böden, Veränderung der Zinssätze oder fehlende Transparenz in der Kommunikation mit Stakeholdern (Schaltegger & Hasenmüller, 2005).

Risikosteigerungen. Die Auswirkungen unsystematischer Risiken auf den Unternehmenswert können durch Diversifizierung ausgeglichen oder sogar eliminiert werden. Hierfür muss allerdings eine ausreichend große Anzahl unterschiedlich risikobehafteter nachhaltiger Maßnahmen zu einem Portfolio kombiniert werden (Burschel *et al.*, 2004). Erfüllt das Nachhaltigkeitsmanagement diese Voraussetzung nicht, sondern investiert stattdessen ausschließlich in risikoreiche Maßnahmen, wie zum Beispiel unbekannte Technologien mit hohen Fixkosten, so kann es zu einer Steigerung des unsystematischen Risikos kommen.

Eine Steigerung der negativen Wirkungen systematischer Risiken ist bei einer Konzentration auf Energiesparmaßnahmen denkbar, da das Wertschöpfungspotenzial dieser Maßnahmen hierdurch ausschließlich von der Entwicklung der Energiepreise abhängig gemacht wird. Tritt ein Rückgang der Energiepreise ein, so wirken alle Maßnahmen gleichzeitig wertvernichtend (Burschel *et al.*, 2004).

Risikosenkungen. Corporate Sustainability kann auf verschiedene Weise zur Vermeidung oder zumindest zur Minimierung systematischer und unsystematischer Risiken beitragen. In erster Linie wird durch Nachhaltigkeitsmanagement die Konformität mit Umweltvorschriften systematisch sichergestellt (Burschel *et al.*, 2004). Eine Orientierung am Leitbild der Nachhaltigkeit erfordert außerdem die Identifikation, Analyse und Bewertung gegenwärtiger und künftiger Gefahrenpotenziale für Mensch und Umwelt (Balderjahn, 2004, Dyllick 2003a, Margolis & Walsh, 2001). Hierdurch werden betriebsinterne Schwachstellen frühzeitig aufgedeckt und bereits in der frühen Phase der Planung mitberücksichtigt, was zu einer Vermeidung oder Minimierung des Störfall- und Unfallrisikos beiträgt (Burschel *et al.*, 2004). Des Weiteren werden Maßnahmen mit dem Ziel der Prävention von wertvernichtenden Krisen schneller und effizienter ergriffen (Töpfer, 2005). So können nachhaltige Maßnahmen durch Steigerung der Effizienz oder vollständige Entkoppelung von bestimmten Stoffen zur Senkung der Exponiertheit gegenüber systematischen Risiken wie steigenden Energiepreisen oder Volatilitätsschocks beitragen (Schaltegger & Hasenmüller, 2005).

Durch Risikovorsorge und Abschluss von Versicherungen kann darüber hinaus das unsystematische Unfallrisiko und damit auch das bereits erläuterte Haftungsrisiko begrenzt werden. Fremdkapitalgeber beurteilen eine Risikominimierung positiv, weshalb ein funktionierendes Risikomanagement den Erhalt von günstigen Kreditkonditionen sowie Versicherungsprämien ermöglicht und Finanzierungskosten senkt. Dies führt zu einer Verringerung des finanziellen Risikos sowie bei gegebenem Cash-Flow zu einem höheren Aktienkurs (Feldman *et al.*, 1997 Wilkens, 2007). Hierdurch reagieren nachhaltige Unternehmen weniger auf äußere Ereignisse und haben eine geringere Verschuldung (McGuire *et al.*, 1988). Außerdem können durch eine frühe Antizipation von Umweltrisiken und entsprechenden Versicherungsabschlüssen mit langfristig fixierten Konditionen Kosten gespart werden. Der Grund hierfür ist, dass das gegenwärtige Risiko von Umweltkatastrophen wie Überflutungen höher ist als in der Vergangenheit von (Rück-)Versicherern berechnet und diese Entwicklung wahrscheinlich andauern wird (Schaltegger & Burritt, 2000). Diese unerwarteten Einbußen führen dann zu höheren Prämien für zukünftige Klienten.

Ferner besteht das Risiko, für einen (potenziellen) Umweltschaden verantwortlich gemacht zu werden, sogar, wenn dieser nur sehr klein oder gar nicht existent ist (Schaltegger *et al.*, 2003). Umweltrisiken werden somit zu ökonomischen Risiken, da mit einer langfristigen Schädigung der Reputation und der Marke(n) zu rechnen ist sowie mit einem Vertrauensverlust der Stakeholder. Um nicht selbst mit dem negativen Image in Verbindung gebracht zu werden, wenden sich die Stakeholder vom Unternehmen ab (Gudet & Scheiwiller, 2002; Hansen & Schrader, 2005). Diese Reaktionen zeigen sich beispielsweise in einer Kaufzurückhaltung oder einem geringen Bewerbungsrücklauf talentierter Arbeitskräfte (Zentes *et al.*, 2010). Durch fallende Renditen und Aktienkurse wirkt sich dies zunächst negativ auf den Shareholder Value aus, kann darüber hinaus aber auch zu einer Einschränkung der unternehmerischen Handlungsfreiheit oder sogar zur Gefährdung der Existenz führen (Gudet & Scheiwiller, 2002; Schaltegger & Hasenmüller, 2005). Über die Verbesserung der Stakeholderbeziehungen und der Reputation hinaus trägt Corporate Sustainability auch zur Minimierung dieser Risiken bei. So wird im Nachhaltigkeitsmanagement neben der Messung und Bewertung von Risikowahrscheinlichkeiten durch Experten auch den verschiedenen, subjektiven Risikowahrnehmungen Aufmerksamkeit geschenkt. Durch einen Risikodialog kann ein Konsens aller beteiligten Parteien herbeigeführt werden oder zumindest das Verständnis für gegenteilige Positionen erhöht werden (Schaltegger *et al.*, 2003).

3.3 Wertschöpfungsanalyse ausgewählter nachhaltiger Maßnahmen

Die im vorangegangenen Kapitel dargestellten möglichen Wirkungszusammenhänge zwischen Nachhaltigkeitsmanagement und Wertschöpfung bzw. Wertvernichtung sollen im Folgenden anhand von empirischen Studien analysiert werden.

Auswahlkriterien. Um in die Analyse einbezogen zu werden, musste eine Studie explizit den Zusammenhang zwischen den eigenständigen Konstrukten Nachhaltigkeitsmanagement und Wertschöpfung untersuchen. Studien, die Nachhaltigkeitsmanagement lediglich als Umweltperformance eines Unternehmens operationalisieren (zum Beispiel Clarkson, Li, Richardson & Vasvari, 2011; King & Lenox, 2001; Wagner, 2005), wurden von dieser Arbeit ausgeschlossen. Grund für den Ausschluss ist die Annahme, dass es sich bei Nachhaltigkeitsmanagement und Umweltperformance um zwei unterschiedliche Konstrukte handelt (Henri & Journeault, 2008; Barnett, 2007). Gemäß der dieser Arbeit zugrunde gelegten Definition zielt die Implementierung nachhaltiger Maßnahmen auf die Reduzierung der Umwelteinflüsse unternehmerischer Tätigkeiten ab, weshalb die Umweltperformance als Output des Nachhaltigkeitsmanagements zu einem bestimmten Zeitpunkt zu verstehen ist (Klassen & Whybark, 1999). Auch wenn verschiedene Untersuchungen belegen, dass die Einführung nachhaltiger Maßnahmen typischerweise zur Verbesserung der Umweltperformance führt (zum Beispiel Annandale, Morrison-Saunders & Bouma, 2004; Melnyk, Sroufe & Calantone, 2003), so ist dennoch nicht von einem automatischen Zusammenhang zwischen diesen Konstrukten auszugehen (Henri & Journeault, 2008). Zudem können aufgrund der Studienergebnisse dieser Forschungsrichtung keine direkten Entscheidungshilfen oder Handlungsempfehlungen für die Praxis abgeleitet werden. Denn es bleibt offen, wie sich bestimmte Maßnahmen auf die Umweltperformance auswirken und damit kann auch nicht festgestellt werden, welchen Beitrag sie zur Wertschöpfung oder -vernichtung leisten (Barnett, 2007; Lankoski, 2006).

Ein weiteres Auswahlkriterium war die wissenschaftliche Qualität der Untersuchungen. Bewertungsgrundlage hierfür war das VHB-JOURQUAL 2.1, das aktuelle Ranking betriebswirtschaftlich relevanter Zeitschriften des Verbandes der Hochschullehrer für Betriebswirtschaft (VHB, 2011). Für dieses Ranking haben 653 Verbandsmitglieder 1256 betriebswirtschaftliche Zeitschriften nach ihrer wissenschaftlichen Qualität bewertet, die sich aus den wissenschaftlichen Anforderungen des Herausgebers und dem wissenschaftlichen Niveau der veröffentlichten Zeitschriftenartikel zusammensetzt. Für das Gesamturteil einer Zeitschrift wurde die Bewertung der wissenschaftlichen Qualität außerdem noch nach dem Expertenstatus des Befragten gewichtet. Die so ermittelten Indexwerte wurden schließlich in die international üblichen Ratingkategorien von A+ bis E überführt (Hennig-Thurau, Walsh & Schrader, 2004). Um ein hohes wissenschaftliches Niveau für dieses Buch sicherzustellen, wurden Studien, die in Zeitschriften der Kategorien C bis E erschienen sind, von der Analyse ausgeschlossen. Das „Journal of Environmental Management“ wurde zwar im VHB-JOURQUAL 2.1 aufgrund fehlender oder einer zu geringen Anzahl an Bewertungen nicht gelistet, im ersten Ranking aus dem Jahr 2003 wurde es jedoch mit der Kategorie A bewertet und wird daher in die Analyse einbezogen. In Tabelle 1 werden die nach diesen Kriterien identifizierten 20 Studien dargestellt.

Studie	Journal-Rating	Samples			Art der untersuchten nachhaltigen Maßnahmen	
		N	Branche(n)	Nation(en)	organisatorisch	technisch
Carter et al. (2000)	B	437	Herstellung von Konsumgütern	USA		x
Christmann (2000)	A+	88	Chemische Industrie	USA		x
King & Lenox (2002)	A+	614	verarbeitendes Gewerbe	USA		x
Nehrt (1996)	A	50	Papier- und Zellstoffindustrie	Nord-, Südamerika, Europa		x
Yang et al. (2011)	B	309	verarbeitendes Gewerbe	international		x
Alvarez-Gil et al. (2001)	B	262	Gastgewerbe	Spanien	x	
Dowell et al. (2000)	A+	89	Bergbau, verarbeitendes Gewerbe	USA	x	
Enticott & Walker (2008)	B	72	Öffentliche Verwaltung	England	x	
Judge & Douglas (1998)	B	196	Grundstoffindustrie	USA	x	
Link & Naveh (2006)	B	40	verarbeitendes Gewerbe, Dienstleistungsgewerbe	Israel	x	
Melnyk et al. (2003)	B	1222	verarbeitendes Gewerbe	USA	x	
Sarkis & Dijkshoorn (2007)	B	299	Baugewerbe, verarbeitendes Gewerbe	Wales	x	
Aragon-Correa et al. (2008)	(A)	108	Instandhaltung und Reparatur von Kraftfahrzeugen	Spanien	x	x
Gonzalez-Benito & Gonzalez-Benito (2004)	B	428	Chemische, elektrische und elektronische Produkte, Möbel	Spanien	x	x
Klassen & Whybark (1999)	A+	66-69	Möbelherstellung	USA	x	x
Lopez-Gamero et al. (2009)	(A)	428	Gastgewerbe, verarbeitendes Gewerbe	Spanien	x	x
Menguc & Ozanne (2005)	B	140	verarbeitendes Gewerbe	Australien	x	x
Montabon et al. (2007)	B	45	verschiedene	international	x	x
Sharma & Vredenburg (1998)	A	99	Energieversorgung, Mineralölverarbeitung	Kanada	x	x
Zhu & Sarkis (2004)	B	186	verarbeitendes Gewerbe	China	x	x

Tabelle 1: Ausgewählte empirische Studien zur Wertschöpfungswirkung nachhaltiger Maßnahmen
Quelle: Eigene Darstellung.

Samples. Zwar gibt es im Hinblick auf die verwendeten Stichprobengrößen (N) erhebliche Unterschiede, davon abgesehen lassen sich aber insgesamt viele Gemeinsamkeiten zwischen den Studien feststellen. So untersuchten 18 Studien die nachhaltigen Maßnahmen privater Unternehmen und nur Enticott und Walker (2008) wählten Organisationen der öffentlichen Hand für ihre Stichprobe aus. Überwiegend handelte es sich außerdem um große Unternehmen. Der Definition der Europäischen Union folgend wird ein Unternehmen als klein bezeichnet, wenn es weniger als 50 Personen beschäftigt und Umsatzerlöse von 10 Millionen Euro nicht überschreiten. Ein großes Unternehmen beschäftigt hingegen mehr als 250 Personen und hat einen Umsatzerlös von mindestens 50 Millionen Euro (Europäische Kommission, 2003). Bezüglich der Branchen ist erkennbar, dass überwiegend Sektoren analysiert wurden, die einen starken Einfluss auf die Umwelt haben und deshalb in der Regel mit strikteren Rechtsvorschriften konfrontiert sind (Aragón-Correa et al., 2008; Judge & Douglas, 1998; Nehrt, 1996; Zhu & Sarkis, 2004). So verursachen beispielsweise Unternehmen am Anfang einer Wertschöpfungskette – wie im Bereich des Bergbaus oder der Gewinnung von Chemikalien – Umweltschäden, die im Vergleich zu ihrer Wertschöpfung überproportional sind (Wagner, Van Phu, Azomahou & Wehrmeyer, 2002). Aufgrund der hohen ökologischen Betroffenheit einer Branche, wird angenommen, dass Nachhaltigkeit eine gewisse strategische Bedeutung für das Unternehmen erlangt hat und vermehrt nachhaltige Maßnahmen eingesetzt werden (Christmann, 2000; Sroufe, Curkovic, Montabon & Melnyk, 2000). Im Gegensatz zu Betrieben des verarbeitenden Gewerbes gelten Dienstleistungsunternehmen als wenig umweltschädlich und zudem sind ihre Auswirkungen kaum sichtbar (López-Gamero, Molina-Azorín & Claver-Cortés, 2009). Dies führt dazu, dass Nachhaltigkeitsmanagement in diesem Sektor weniger verbreitet ist, weshalb sich die Datenerhebung schwieriger gestaltet und nur wenige Studien diesen Sektor miteinbeziehen (Alvarez-Gil, Burgos-Jimenez & Cespedes-Lorente, 2001). Schließlich ist auch der geographische Fokus der Studien als homogen zu beizeichnen. Die Mehrheit der Studien (17) untersuchte ausschließlich Unternehmen in einem Land, nur drei Studien bezogen mehrere Länder in ihre Stichprobe mit ein. Der Schwerpunkt lag insgesamt auf Ländern in Nordamerika und Europa, die aufgrund ihrer wirtschaftlichen Situation (Bruttoinlandsprodukt pro Kopf > 20.000 Int'l $) als hochentwickelt bezeichnet werden können (IMS, 2011). Genauso wie die Einbeziehung nur einer Branche schränkt auch der geografische Fokus die Generalisierbarkeit der Studienergebnisse ein, da unterschiedliche technologische, marktliche und regulatorische Rahmenbedingungen die Ergebnisse beeinflussen könnten (Christmann, 2000). Die in dieser Arbeit dargestellten Erkenntnisse werden daher in ihrer Aussagefähigkeit begrenzt.

Messung der Variablen.

Wertschöpfung. In den Studien umfasst die Messung der Wertschöpfung die verschiedenen Dimensionen des in dieser Arbeit eingesetzten Wertbegriffs. So werden sowohl operativer Erfolg, Markterfolg als auch finanzieller Erfolg als Maße für die Wertschöpfungswirkung nachhaltiger Maßnahmen eingesetzt. Beim operativen Erfolg geht es um das Erreichen von Effektivitäts- und Effizienzzielen der Produktions- und Betriebssysteme sowie organisationsinterner Prozesse (Gonzalez-Benito & Gonzalez-Benito, 2005). In den Studien wurde dies überwiegend anhand der (Veränderung von) Kosten, der Qualität, der Flexibilität und der Schnelligkeit bewertet. Die Erreichung derartiger Leistungsziele stellt vielfach die Grundlage für Kosten- und Differenzierungsvorteile dar (Porter & Linde, 1995b). Der Markterfolg bildet ab, inwiefern ein Unternehmen im Vergleich zu seinen Wettbewerbern Marktansprüche, insbesondere Kundenwünsche, besser erfüllen kann. Dieser Aspekt wurde in den analysierten Studien größtenteils anhand des Marktanteils, der Kundenzufriedenheit, des Erfolgs von Produktneueinführungen sowie der relativen Wettbewerbsposition aufgrund von realisierten Kosten- oder Differenzierungsvorteilen gemessen. Der finanzielle Erfolg bezieht sich auf die Wichtigkeit von monetären Ergebnissen der Geschäftstätigkeit und wurde mit Hilfe rein quantitativer Kennzahlen wie Umsatzrendite, Reingewinn, Tobin's Q oder Kapitalrentabilität gemessen. Während operativer Erfolg und Markterfolg mit Hilfe von primären Quellen, das heißt organisationsinternen Informationen, erhoben wurden, wurde für die Messung des finanziellen Erfolgs auf sekundäre Quellen wie beispielsweise die Datenbank COMPUSTAT zurückgegriffen.

Nachhaltigkeitsmanagement. Die Messung von Art und Intensität des Nachhaltigkeitsmanagements basiert in 19 Studien auf primären Daten. Grund hierfür ist die begrenzte Verfügbarkeit von quantitativen Datenbeständen sowie die im Vergleich zu finanziellen Kennzahlen fehlende Standardisierung der Definition und der Messung des Konstrukts Corporate Sustainability (Aragón-Correa *et al.*, 2008; López-Gamero *et al.*, 2009; Montabon, Sroufe & Narasimhan, 2007). Obschon viele Unternehmen Umweltberichte veröffentlichen, sind diese meist nicht mit denen anderer Firmen vergleichbar und enthalten zudem keine maßnahmenbezogene Aufstellung der Investitionen für Nachhaltigkeit (Christmann, 2000). Daher erfolgte die Selbsteinschätzung des nachhaltigen Engagements mit Hilfe strukturierter Fragebögen, die von einem oder mehreren Umweltbeauftragten des Unternehmens beziehungsweise bei Ermangelung einer solchen Position von einer leitenden Führungskraft oder dem Geschäftsführer beantwortet wurden. Damit konnte angenommen werden, dass die Befragten ausreichend mit den betrieblichen Umweltthemen vertraut waren (Aragón-Correa *et al.*, 2008; López-Gamero *et al.*, 2009). Lediglich King und Lenox (2002) setzten sekundäre Daten ein, die sie aus einem Verzeichnis über die Freilassung toxischer Stoffe (Toxic Relase Inventory) des US-amerikanischen Umweltministeriums entnahmen.

Wie in Kapitel 2.1 erläutert, handelt es sich bei Nachhaltigkeit um ein ganzheitliches Konzept, wodurch sich diverse unternehmerische Handlungsfelder zur Reduktion oder Verhütung von Umweltbelastungen ergeben (Dyllick, 2003a). Diese Vielfältigkeit des Konzepts spiegelt sich auch in den ausgewählten Studien wider, da die verschiedensten Bereiche des Nachhaltigkeitsmanagements untersucht wurden. Für die zielgerichtete

Auswertung der Studienergebnisse wird eine Klassifizierung in organisatorische und technische Maßnahmen vorgenommen.

Organisatorische Maßnahmen. Die nachhaltige Führung und Organisation eines Betriebes wird in erster Linie von der Ausgestaltung einer Umweltpolitik und -strategie bestimmt (Dyllick, 2003a). Auf diese Weise werden Stellenwert und Ziele des Nachhaltigkeitsthemas festgelegt sowie Programme und Aktivitäten mit den hierfür verantwortlichen und betroffenen Funktionsbereichen definiert. Da die Abteilungen in unterschiedlicher Art und Intensität von der Nachhaltigkeitsherausforderung betroffen sind und darauf reagieren können, existieren funktionsspezifische Maßnahmen (Schaltegger *et al.*, 2002). Beispielsweise liegt die Verantwortung für die Entwicklung und Durchführung umweltbezogener Schulungsprogramme bei der Personalabteilung, während das Controlling die Quantifizierung von Umweltkosten und -ersparnissen übernimmt. Weitere funktionsspezifische Aktivitäten stellen der Einsatz von grünen Richtlinien im Einkauf, Einbeziehung nachhaltiger Argumente im Marketing und die Auswahl von umweltfreundlichen Transportmethoden in der Logistik dar. In diesem Zusammenhang stellt die Umgestaltung der Organisationsstruktur zum Beispiel durch die Einführung einer Umweltabteilung oder eines Umweltbeauftragten einen wichtigen Schritt zur Koordination des internen Umweltmanagements dar. Weitere organisatorische Maßnahmen, die das gesamte Unternehmen betreffen können, sind die Festlegung von Zielvorgaben, die Einführung und die Formalisierung von Verfahren zur bereichsübergreifenden Koordination sowie zur Bewertung und Reduzierung negativer ökologischer Wirkungen der Geschäftstätigkeit. Ein kontinuierliches Prozessmonitoring, interne Umweltaudits sowie verwandte Complicance-Systeme tragen zur Kontrolle und Sicherstellung dieser (infrastrukturellen) Veränderungen bei (Klassen & McLaughlin, 1996; Klassen & Whybark, 1999).

Daneben umfasst die nachhaltige Organisation eines Betriebes aber auch eine externe Dimension. Durch die Information der Stakeholder, beispielsweise mit Hilfe der Veröffentlichung eines Umweltberichtes auf der Firmenhomepage, kann das nachhaltige Engagement gezielt nach Außen kommuniziert werden. Darüber hinaus dient die Kooperation mit Kunden und die Kollaboration mit anderen Firmen dem Austausch von umweltrelevanten Informationen mit dem Ziel, das eigene Angebot zu verbessern. Es geht aber auch um Bemühungen zur Minimierung der Umweltbelastung der gesamten Wertschöpfungskette, wozu Unternehmen beitragen können, indem sie beispielsweise Zulieferer nach ökologischen Kriterien evaluieren und entsprechend auswählen.

Um sowohl die interne als auch die externe Dimension organisatorischer Maßnahmen systematisch zu integrieren, kann auf verschiedene standardisierte und zertifizierte Umweltmanagementsysteme zurückgegriffen werden, die bestimmte Inhalte und Anwendungsfelder verbindlich festlegen (Müller, Moutchnik & Freier, 2009). Die branchenunabhängigen Standards ISO 14001 und EMAS (Eco-Management und Audit Scheme) werden besonders häufig angewandt. Bei der global gültigen Norm ISO 14001 handelt es sich um einen Prozessstandard mit allgemeinen Vorgaben für den Aufbau sowie die kontinuierliche Verbesserung eines dem Betrieb angepassten Umweltmanagements zur Verhinderung von Umweltbelastungen. Es umfasst die Festlegung einer Umweltpolitik, Planungsaktivitäten, eine Organisationsstruktur, Zuständigkeiten, Prozessabläufe, Praktiken, Verfahren und Ressourcen. Die Konformität mit den Normen wird durch ein Zertifikat bescheinigt (DIN EN ISO14001; 2005). Die EMAS-Verordnung umfasst die Vorgaben der ISO 14001, enthält aber darüber hinaus noch folgende Zusatzanforderungen: Einhaltung von Rechtsvorschriften, ständige Verbesserung der Umweltperformance über die gesetzlichen Anforderungen hinaus, aktive Einbeziehung der Beschäftigten sowie die Kommunikation und Information der Öffentlichkeit durch die Erstellung einer Umwelterklärung (Europäische Kommission, 2011). Erfüllt eine Organisation diese Voraussetzungen, so erfolgt die Eintragung in ein öffentliches Verzeichnis, was gleichzeitig die Berechtigung zur Verwendung des EMAS-Logos darstellt. Da die EMAS-Verordnung aus einem Umweltprogramm der Europäischen Gemeinschaft hervorging, beschränkt sich der Geltungsbereich auf EU-Mitgliedsstaaten und assoziierte Länder (Müller *et al.*, 2009).

Technische Maßnahmen. Bei technischen Maßnahmen handelt es sich um strukturelle Investitionen, die entweder auf umweltrelevante Veränderungen der Produktionsprozesse oder des Produkts ausgerichtet sind (Klassen & Whybark, 1999).

Im Bereich der Produktion steht die Optimierung von Prozessen, die maßgeblich von der verwendeten Technik und der eingesetzten Anlagen bestimmt werden, im Mittelpunkt. Aufgrund dessen unterscheiden sich technische Maßnahmen im Gegensatz zu organisatorischen Maßnahmen stark von Branche zu Branche (Alvarez-Gil *et al.*, 2001). Einerseits werden Technologien zur Verschmutzungskontrolle und -korrektur, sogenannte End-of-Pipe-Technolgien, verwendet, um die bei dem Herstellungsprozess entstandenen Schadstoffe oder gefährlichen Abfallprodukte aufzubereiten oder zu entsorgen. Es handelt sich demnach um zusätzliche Geräte oder Anlagen, die am Ende einer bestehenden Prozesskette eingesetzt werden und diese ansonsten nahezu unverändert lassen (Klassen & Whybark, 1999). Beispiele für derartige Technologien sind Abwasserreinigungsanlagen oder Partikelfilter. Andererseits werden Maßnahmen ergriffen, die durch die Reduktion oder Eliminierung von Schadstoffen die Vermeidung von ökologischen Risiken und Umweltbelastungen ermöglichen (Dyllick, 2003a; Wagner & Schaltegger, 2002). Hierzu zählen beispielsweise effizienzsteigernde Methoden der Rohstoff-, Energie- und Wassernutzung. Die Einführung derartiger Maßnahmen erfordert im Gegensatz zu End-of-Pipe-Lösungen die Identifizierung und umfangreiche Analyse aller umweltrelevanten Aspekte der Produktion und geht zudem meist mit fundamentalen Änderungen der Beschaffungs-, Produktions- und Logistikabläufe einher (Aragón-Correa, 1998; Klassen & Whybark, 1999). Rechtliche Anforderungen haben sich in der Vergangenheit häufig auf die insgesamt weniger komplexen Korrekturmaßnahmen beschränkt, weshalb die eigeninitiierte Entwicklung und Implementierung von Vermeidungstechnologien auf die Proaktivität eines Unternehmens hinweist (Aragón-Correa, 1998).

Im Produktbereich geht es um die Minimierung der negativen Umweltwirkung von Produkten und Dienstleistungen über den gesamten Produktlebenszyklus, das heißt von den Vorprodukten über die Fertigung und den Gebrauch bis hin zur Entsorgung oder Wiederverwendbarkeit des Produkts (Dyllick, 2003a; Rogall, 2009). Die Phase des Produktdesigns ist von besonderer Bedeutung, da bereits durch die Auswahl von Inputs ein großer Teil der Umweltwirkung unwiderruflich bestimmt wird (Zhu & Sarkis, 2004). Eine nachhaltige Maßnahme ist hierbei beispielsweise der Vorzug erneuerbarer oder recyclinggerechter Materialien. Neben der Entwicklung neuer, umweltfreundlicher Produkte geht es aber auch um die ökologische Optimierung bestehender Produkte beispielsweise durch die Reduzierung von Verpackungen, sogenanntes Redesign (Rogall, 2009).

Die im Rahmen dieser Arbeit analysierten Studien berücksichtigen in vergleichbarem Ausmaß beide Maßnahmenkategorien. Wie in Tabelle 1 dargestellt, konzentrierten sich fünf Studien auf technische Maßnahmen, sieben Studien untersuchten ausschließlich organisatorische Maßnahmen und acht Quellen bezogen beide Arten nachhaltiger Maßnahmen in ihre Untersuchung mit ein.

3.3.1 Technische Maßnahmen

Gemäß der zuvor beschriebenen Teilbereiche technischer Maßnahmen können die Studien in drei Untergruppen aufgeteilt werden: vier Studien untersuchten ausschließlich produktbezogene Maßnahmen, acht Studien prozessbezogene Maßnahmen und drei Studien fassten produkt- und prozessbezogene Maßnahmen zusammen. Tabelle 2 stellt diese Studien geordnet nach Art der Maßnahmen dar. Das Untersuchungsergebnis wird dabei insgesamt als positiv bezeichnet (+), wenn in der untersuchten Stichprobe mindestens ein signifikant positiver Zusammenhang zwischen einer technologischen Maßnahme und einer Wertschöpfungsvariable besteht. Umgekehrt gilt dies für ein negatives Ergebnis (-). Ein Ergebnis wird als neutral bezeichnet (0), wenn keine signifikanten Zusammenhänge zwischen nachhaltigen Maßnahmen und Wertschöpfung festgestellt wurden.

Studie	Bezug der technologische(n) Maßnahme(n)	Wertschöpfungs-dimension	Ergebnis
Menguc & Ozanne (2005)	Prozess und Produkt (zusammengefasst)	Markterfolg finanzieller Erfolg	+
Lopez-Gamero et al. (2009)	Prozess und Produkt (zusammengefasst)	Markterfolg	+
Sharma & Vendenburg (1998)	Prozess und Produkt (zusammengefasst)	operationaler Erfolg Markterfolg	+
Yang et al. (2011)	Prozess und Produkt (zusammengefasst)	Markterfolg finanzieller Erfolg	-
Carter et al. (2000)	Produkt	finanzieller Erfolg	+
Gonzalez-Benito & Gonzalez-Benito (2004)	Produkt	operationaler Erfolg Markterfolg finanzieller Erfolg	+
Montabon et al. (2007)	Produkt	Markterfolg finanzieller Erfolg	+
Zhu & Sarkis (2004)	Produkt	operationaler Erfolg	+
Aragon-Correa et al. (2008)	Prozess (Vermeidung und End-of-Pipe zusammengefasst)	finanzieller Erfolg	+
Gonzalez-Benito & Gonzalez-Benito (2004)	Prozess (Vermeidung und End-of-Pipe zusammengefasst)	operationaler Erfolg Markterfolg finanzieller Erfolg	-
Klassen & Whybark (1999)	Prozess(Vermeidung) Prozess (End-of-Pipe)	operationaler Erfolg	+ -
Montabon et al. (2007)	Prozess (Vermeidung) Prozess (End-of-Pipe)	Markterfolg finanzieller Erfolg	+ +
King & Lenox (2002)	Prozess (Vermeidung) Prozess (End-of-Pipe)	finanzieller Erfolg	+ 0
Christmann (2000)	Prozess (Vermeidung)	Markterfolg	0
Nehrt (1996)	Prozess (Vermeidung)	finanzieller Erfolg	+

Tabelle 2: Wertschöpfungswirkung technischer Maßnahmen
Quelle: Eigene Darstellung.

Studien, in denen produkt- und prozessbezogene Maßnahmen zusammengefasst wurden, berichten überwiegend von positiven Resultaten. Menguc und Ozanne (2005) zeigten mittels Pfadanalyse, dass es einen signifikant positiven Zusammenhang zwischen der Umweltorientierung eines Unternehmens und dem Gewinn nach Steuern sowie dem Marktanteil gibt. Die Umweltorientierung setzt sich dabei aus dem Einsatz technischer Maßnahmen sowohl aus dem Produkt- als auch Prozessbereich, der Innovationstätigkeit im Umweltbereich sowie organisatorischen Maßnahmen zusammen. Letztere werden in Kapitel 3.2.2 betrachtet. Zur Verbesserung der Profitabilität tragen nach Menguc und Ozanne (2005) technische Maßnahmen bei, da die Reduktion oder die sicherere Entsorgung von Produktionsabfällen neue Kostensenkungspotenziale eröffnet. Außerdem stellt die ökologische Optimierung von Produkten – unterstützt von einer entsprechenden Information der Abnehmer – einen wichtigen Schritt zum Aufbau einer nachhaltigen Reputation dar, die bei der Gewinnung neuer Marktanteile von Vorteil ist. Außerdem zeigt das Ergebnis, dass Unternehmen, die trotz hoher Risiken aktiv Forschung und Entwicklung betreiben und die hierdurch entstandenen Produktinnovation als First-Mover auf den Markt bringen, höhere Erfolgschancen haben. Entgegen dieser positiven Wirkungszusammenhänge berichteten Menguc & Ozanne (2005) aber auch von einer signifikant negativen Wirkung der Umweltorientierung auf das Umsatzwachstum. Dies kann auf die kurze Messperiode der Umsatzzahlen von nur zwei Jahren sowie auf die fehlende Erfassung des Implementierungszeitpunkts der Umweltorientierung zurückzuführen sein. Beispielsweise könnten einige Unternehmen erst kurz vor der Studiendurchführung nachhaltige Aktivitäten eingeführt haben, wodurch Mediatoreffekte wie die Verbesserung der Reputation noch nicht vollständig wirksam werden konnten.

Im Hinblick auf den Zeithorizont der Wirkungsmechanismen betonen auch Sharma und Vredenburg (1998), dass Nachhaltigkeitsmanagement nicht direkt und deshalb auch nur langfristig zur Wertsteigerung beitragen kann. Der Grund hierfür ist der Einfluss von wertvollen Kompetenzen, die erst im Unternehmen aufgebaut werden müssen. In ihrer Studie zeigten Sharma und Vredenburg (1998), dass eine proaktive und breit gefasste Implementierung verschiedener technischer Maßnahmen die Entwicklung von organisationalen Fähigkeiten positiv beeinflusst ($\beta = 0.46$; $p < 0.0001$). Nachhaltige Maßnahmen führen demnach zu kollektiven Lernfortschritten, Innovationsvorgängen und kollaborativen Problemlösungsansätzen, in die verschiedene Funktionsbereiche und Hierarchiestufen eingebunden sind. Eine hohe Ausprägung dieser Fähigkeiten wirkt sich wiederum signifikant und positiv auf den Wettbewerbsvorteil eines Unternehmens aus ($\beta = 0.72$; $p < 0.0001$). Dies wird auch von López-Gamero et al. (2009) bestätigt. Die Auswertung ihres Strukturgleichungsmodells ergab, dass sowohl im Gastgewerbe als auch im verarbeitenden Gewerbe Umweltmanagement zum Aufbau von Lern- und Kooperationsfähigkeiten sowie zur Entwicklung von verschiedenen Informationsaustauschkanälen beiträgt. Diese Fähigkeiten vermitteln in der Stichprobe des Gastgewerbes den signifikant positiven Zusammenhang zwischen technischen Maßnahmen und Differenzierungsvorteilen, haben jedoch keinen signifikanten Einfluss auf den Zusammenhang zwischen technischen Maßnahmen und Kostenvorteilen. Demnach ermöglichen technische Umweltschutzaktivitäten im Gastgewerbe zwar keine großen Kostensenkungspotenziale, können dafür aber durch eine intensivere Kommunikation ihre Stakeholderbeziehungen verbessern und ihr Ansehen insbesondere bei den Kunden steigern. Für Unternehmen des verarbeitenden Gewerbes gilt dies genau umgekehrt, das heißt, die Mediatorvariable vermittelt den positiven Zusammenhang zwischen nachhaltigen Maßnahmen und Kostenvorteilen, aber nicht zwischen nachhaltigen Maßnahmen und Differenzierungsvorteilen. Nach López-Gamero et al. (2009) bestehen weniger Differenzierungsmöglichkeiten, da die untersuchten Unternehmen weitgehend homogene Produkte wie Energie oder Chemikalien anbieten und hierdurch die Verbindung zu den Kunden weniger ausgeprägt ist. Dafür können aber durch die gemeinsame Erarbeitung von Problemlösungen mit Lieferanten Produkt- und Prozesseigenschaften verbessert und hierdurch Kostensenkungen erreicht werden.

Entgegen dieser positiven Studienergebnisse zeigten Yang, Hong und Modi (2011) mittels eines Strukturgleichungsmodells auf, dass sich in ihrer Stichprobe technische Umweltmaßnahmen negativ auf finanziellen Erfolg (β = -0.184; $p < 0.1$) und Markterfolg (β = -0.279; $p < 0.05$) auswirken. Eine gute Umweltperformance schwächt diesen Effekt jedoch ab. Dies unterstreicht, dass nachhaltige Maßnahmen zwar kurzfristig wertvernichtend sein können, aber langfristig und bei einer Steigerung der Öko-Effektivität wertsteigernd oder zumindest wertneutral wirken können. Beispielsweise können wegen des erhöhten Ressourcenbedarfs während der Implementierungsphase weniger Ressourcen für das Marketing bereitgestellt werden. Zudem führt die Ökosensibilisierung dazu, dass nachhaltiges Engagement insbesondere bei erhöhten Produktkosten kritisch hinterfragt wird. Dies führt zu einer Beeinträchtigung des Markterfolgs. Die Verbesserung und vor allem die Veröffentlichung der Umweltperfomance dient aber als Beweis, dass es sich bei unternehmerischer Nachhaltigkeit um ernstgemeinte Bemühungen handelt, wodurch Legitimität und Loyalität der Kunden gewonnen werden. Hierfür reichen einzelne Maßnahmen jedoch kaum aus, sondern es wird ein umfangreiches Nachhaltigkeitsmanagement benötigt.

3.3.1.1 Produktbezogene Maßnahmen

Carter et al. (2000) untersuchten anhand von Regressionsanalysen, wie sich eine nachhaltige Beschaffung auf den finanziellen Erfolg auswirkt. Dabei handelt es sich konkret um folgende produktbezogene Maßnahmen: Mitarbeit der Beschaffungsabteilung bei der Ausrichtung des Produktdesigns auf Wiederverwendbarkeit oder Demontage, Einbeziehung von Lieferanten für die Erreichung nachhaltiger Produktziele, Evaluation der Produktumweltverträglichkeit mit Hilfe von Lebenszyklusanalysen und Einkauf von recycletem oder leichterem Verpackungsmaterial. In der untersuchten Stichprobe beeinflusst dieses Maßnahmenbündel den Reinerlös positiv ($p < 0.05$) und die Umsatzkosten negativ ($p < 0.001$). Carter et al. (2000) betonen aufgrund dieses Resultats die Schlüsselrolle der Beschaffungsabteilung in der funktions- und unternehmensübergreifenden Zusammenarbeit für die Erreichung nachhaltiger Produktziele. Dies bezieht sich insbesondere auf Entscheidungen in der Phase der Produktentwicklung. Die Durchführung einer Lebenszyklusanalyse ermöglicht es dem Unternehmen, die potenziellen Auswirkungen seiner Produkte auf die Fertigungsleistung und die Beziehungen zu externen und internen Stakeholdern einzuschätzen. Hierdurch können Umweltprogramme effektiv geplant und implementiert werden, was Erlössteigerungen ermöglicht. Schließlich tragen die Maßnahmen zum Einkauf nachhaltigerer Verpackungen nicht nur zur Senkung der Materialkosten bei, sondern auch zur Reduktion der Transportkosten. Denn durch verringertes Produktgewicht und -volumen können größere Mengen transportiert werden. Dieses Kostensenkungspotenzial wird auch in der Untersuchung von Zhu & Sarkis (2004) aufgedeckt. Sie stellen mit Hilfe einer hierarchischen Regressionsanalyse fest, dass die Reduzierung von (gefährlichen) Produktinputs und Energie sowie die Rückgewinnung von Einzelteilen und Materialien zu geringeren Kosten für Materialbeschaffung und Energieverbrauch und zu einer Verringerung der Gebühren für Abfallentsorgung führen. Der Zusammenhang zur Wertvernichtung, gemessen am Anstieg von operativen Kosten, Schulungskosten, Investitionen und Kosten für umweltfreundlichere Inputs, ist im Vergleich deutlich schwächer und wird zudem bei der schrittweisen Einführung weiterer Variablen insignifikant.

Neben diesem Beitrag produktbezogener Maßnahmen zum operativen und finanziellen Erfolg stellen die Ergebnisse von Gonzalez-Benito und Gonzalez-Benito (2005) sowie Montabon et al. (2007) die Bedeutung dieser Aktivitäten für den Markterfolg heraus. Gonzalez-Benito und Gonzalez-Benito (2005) zeigen anhand von multiplen Regressionsanalysen, dass ein signifikant positiver, wenn auch schwacher, Zusammenhang zwischen nachhaltigem Produktdesign und dem Markterfolg eines Unternehmens besteht (β = 0.153; $p < 0.05$). Demnach erfüllen Unternehmen durch die Reduktion des Ressourcenverbrauchs und des Abfallaufkommens eines Produkts sowie die Fokussierung auf Wiederverwendbarkeit oder besser gesagt Recyclingfähigkeit der Produkte die Erwartungen der Kunden. Dadurch verbessert sich die Reputation und neue Produkte können erfolgreich am Markt etabliert werden. Dieses Wertschöpfungspotenzial bei der Einführung von Produktinnovationen wird auch von Montabon et al. (2007) herausgestellt. Mittels kanonischer Korrelationsanalyse identifizieren diese Forscher insgesamt sechs technische und organisatorische Maßnahmen die einen signifikanten Zusammenhang zum Erfolg aufweisen. Im produktbezogenen Bereich handelt es sich dabei um das nachhaltige Neu- und Redesign von Produkten, die aufgrund ihrer hohen kanonischen Ladungen (0.754 bzw. 0.861) besonders wichtige Prädiktoren der abhängigen Variablen darstellen. Während diese Maßnahmen den Innovationserfolg, das heißt die Markteinführung eines Produkts, sowie das Umsatzwachstum positiv beeinflussen, weist der ROI eine negative kanonische Ladung auf (-0.267). Dies ist einerseits darauf zurückzuführen, dass der ROI von einer Vielzahl von weiteren, in dieser Untersuchung nicht miteinbezogenen, unabhängigen Variablen beeinflusst wird und daher die Verbindung zu den nachhaltigen Maßnahmen nicht eindeutig ist. Andererseits ist dies wieder ein Hinweis auf das langsame Wirksamwerden nachhaltiger Maßnahmen.

Zusammenfassend kann dennoch festgehalten werden, dass produktbezogene Maßnahmen ein hohes Wertschöpfungspotenzial aufweisen. Durch Energie- und Materialeinsparungen können Kosten und Risiken über den gesamten Produktlebenszyklus gesenkt werden. Aufgrund der Anpassung der Produkte an die ökologischen Anforderungen der Abnehmer sind zudem Erlössteigerungen zu erwarten.

3.3.1.2 Prozessbezogene Maßnahmen

Aragón-Correa et al. (2008) untersuchten einfach umsetzbare, prozessbezogene Maßnahmen, die sowohl auf die Vermeidung als auch die Korrektur von Umweltschäden abzielen. Beispiele sind das Ausschalten von Licht und Maschinen außerhalb der Betriebszeit oder die systematische Abfalltrennung. Mit Hilfe eines Strukturgleichungsmodells wird die Hypothese verifiziert, dass eine umfassende Implementierung und Ausführung dieser Maßnahmen den finanziellen Erfolg positiv beeinflusst (β = 0.42; $p < 0.01$). Dieses Ergebnis zeigt, dass schon durch kleine Investitionen die Öko-Effizienz verbessert werden kann und somit auch Unternehmen mit geringerer Ressourcenausstattung von Nachhaltigkeitsmanagement profitieren können.

Gonzalez-Benito und Gonzalez-Benito (2005) fassten ebenfalls Maßnahmen zur Vermeidung von Umweltschäden und End-of-Pipe-Maßnahmen zu einer Variable zusammen. Im Gegensatz zu dem Ergebnis von Aragón-Correa et al. (2008) wird in dieser Untersuchung allerdings ein schwach negativer Effekt von prozessbezogenen Maßnahmen auf die operative Leistungsfähigkeit eines Massenproduktionssystems festgestellt (β = -0.132; $p < 0.1$). Demnach sind geringe operative Kosten, eine hohe Verarbeitungsgeschwindigkeit und Flexibilität in der Produktionsgestaltung nicht mit derartigen Maßnahmen zu vereinbaren. Gründe hierfür sind die mit der Implementierung einhergehende Eingliederung zusätzlicher Arbeitsvorgänge oder Auswahl von Ressourcen, Losgrößen oder Fertigungsabläufen, die nicht immer kosten- oder zeitoptimal sind. Gonzalez-Benito und Gonzalez-Benito (2005) vermuteten, dass dies insbesondere für End-of-Pipe-Maßnahmen gilt.

Diese Vermutung wird von den Befunden von Montabon et al. (2007) bewahrheitet. Die Forscher ermittelten für die proaktive Abfallreduktion, das heißt der Vermeidung von Umweltverschmutzung, eine höhere kanonische Ladung als für Recyclingaktivitäten. Dies bedeutet, dass die vermeidende Prozesstechnologie den bereits unter 3.3.1.1. beschriebenen positiven Zusammenhang auf finanziellen Erfolg und Markterfolg stärker beeinflusst als die nachsorgenden Maßnahmen. Deutlicher ist in dieser Hinsicht das Ergebnis von Klassen und Whybark (1999), die in ihre multiplen Regressionsanalysen sowohl eine Variable für präventive Technologien als auch für nachsorgende Technologien einbrachten. Während der Zusammenhang zwischen der operativen Leistungsfähigkeit – operationalisiert durch die Faktoren Qualität, Kosten, Liefergeschwindigkeit sowie Flexibilität – und End-of-Pipe-Technologien negativ und signifikant ist, besteht zwischen dem Einsatz von Vermeidungstechnologien und der operativen Leistungsfähigkeit ein signifikant positiver Zusammenhang. Zur weiteren Bestätigung des hohen Wertschöpfungspotenzials vorsorgender Prozessmaßnahmen kann das Ergebnis von King und Lenox (2002) herangezogen werden. Auch sie stellten einen signifikant positiven Zusammenhang zwischen der Vermeidung von Abfällen in der Produktion und dem finanziellen Erfolg fest. Zudem untersuchten King und Lenox (2002), wie sich die Abfallbehandlung auf die abhängige Variable auswirkt. Die unterschieden hierbei zwischen Maßnahmen, die vor Ort umgesetzt werden und dem externen Transfer von Abfällen. Ihre Hypothese, dass der finanzielle Erfolg umso höher ist, je weniger End-of-

Pipe-Maßnahmen vor Ort eingesetzt werden, konnte jedoch nicht bewiesen werden. Demnach sind diese nachsorgenden Maßnahmen in gleicher Weise wertneutral. Es kann aber dennoch vermutet werden, dass die in Verbindung mit dem Outsourcing stehenden Aufwendungen wie zum Beispiel Such- und Informationskosten den Anreiz erhöhen den eigenen Produktionsprozess zu überdenken und hierdurch Effizienzverbesserungspotenziale zu entdecken (King & Lenox, 2002).

Auf die Rolle des Timings im Wirkungszusammenhang zwischen prozessbezogenen Maßnahmen und Wertsteigerung gingen Nehrt (1996) und Christmann (2000) in ihren Regressionsmodellen ein.

Die Ergebnisse von Nehrt (1996) bestätigen die vermutete Mediatorwirkung des Timings. Er zeigte, dass ein signifikant positiver Zusammenhang zwischen den frühen Investitionen in die erweiterte Entlignifizierung einer Technologie zur Reduzierung von Abwasserschadstoffen im Papierherstellungsprozesses und dem Wachstum des Reingewinns besteht. First-Mover sind demnach gegenüber Unternehmen, die ihre Produktion erst zu einem späteren Zeitpunkt auf diese Technologie umstellen, im Vorteil. Lerneffekte sowie der kohärente Fokus auf die Implementierung der neuen Technologie begründen nach Nehrt (1996) diese Überlegenheit. Im Gegensatz zu diesem Befund stellte Nehrt (1996) jedoch keine statistische Signifikanz für die positive Wirkung von Investitionsintensität oder der Interaktion von Timing und Intensität auf das finanzielle Ergebnis fest. Ein möglicher Grund hierfür ist, dass Unternehmen, die hohe Investitionen tätigen, verschiedene Methoden der Entlignifizierung gleichzeitig in den Produktionsprozess integrieren und hierdurch die Zeit zur Absorption fehlt.

Die Bedeutung des Timings für die Wertschöpfungswirkung nachhaltiger Maßnahmen wurd auch von Christmann (2000) bewiesen. Zwar konnte sie keinen signifikanten Zusammenhang zwischen dem Einsatz von produktionsbezogenen Maßnahmen zur Vermeidung von Umweltschäden und dem Kostenvorteil eines Unternehmens feststellen. Dennoch bestätigte sie einen signifikant positiven Zusammenhang zwischen dem Innovationsniveau einer solchen Technologie und dem Kostenvorteil. Dieses Ergebnis deutet auf die Wichtigkeit des Entwicklungsprozesses von technischen Maßnahmen und den damit verbundenen internen Abläufen hin. So werden unter Umständen erst hierdurch Ineffizienzen existierender Prozesse aufgedeckt, wodurch das Potenzial zur Verbesserung der Effizienz steigt (Porter & Linde, 1995a; 1995b). Zudem handelt es sich bei Innovationen um das Eigentum des Unternehmens, welches durch Geheimhaltungspflicht und Patente vor Imitatoren geschützt werden kann und somit den Wettbewerbsvorteil langfristig sichert. Christmann (2000) konnte in diesem Kontext auch ihre Hypothese verifizieren, dass der positive Zusammenhang zwischen Innovationsniveau der Technologie und Kostenvorteil von komplementären Fähigkeiten vermittelt wird. Dies bedeutet, dass Unternehmen mit innovativen Fähigkeiten, wie zum Beispiel der Umstellung auf eine neue Technologie ohne größere Produktionsausfälle, von einem frühen Timing profitieren, da bei ihnen Lerneffekte schnell wirksam werden. Unternehmen, die nicht über derartige Fähigkeiten verfügen oder diese nicht entwickeln, werden durch die Implementierung nachhaltiger Prozesse keine großen Kostenvorteile erzielen können.

Insgesamt zeigt die Auswertung der prozessbezogenen Maßnahmen, dass nachsorgende Maßnahmen ein geringeres Wertschöpfungspotenzial als vorsorgende Maßnahmen haben. Zwar sind die Investitions- und Implementierungskosten für vorsorgende Maßnahmen oftmals höher, da hiermit weitreichende Veränderungen des Betriebsablaufs einhergehen. Dennoch können durch sie auf lange Sicht größere Effizienzvorteile und Erlössteigerungen realisiert werden als mit End-of-Pipe-Maßnahmen. Zudem verringern sie ökologische Risiken maßgeblich.

3.3.2 Organisatorische Maßnahmen

Wie bereits bei der Analyse der technischen Maßnahmen können auch die Studien mit Bezug zu organisatorischen Maßnahmen weiter differenziert werden. So werden in fünf Studien interne und externe Maßnahmen zusammengefasst. Sechs Studien beziehen nur interne Maßnahmen mit ein und weitere vier Studien betrachten sowohl interne als auch externe Maßnahmen getrennt voneinander (Tabelle 3). Die Symbole werden mit der gleichen Bedeutung wie in Tabelle 2 verwendet.

Studie	Bezug der organisatorische(n) Maßnahme(n)	Wertschöpfungs-dimension	Ergebnis
Alvarez-Gil et al. (2001)	Intern und extern (zusammengefasst)	finanzieller Erfolg	+
Aragon-Correa et al. (2008)	Intern und extern (zusammengefasst)	finanzieller Erfolg	+
Klassen & Whybark (1999)	Intern und extern (zusammengefasst)	operationaler Erfolg	0
Lopez-Gamero et al. (2009)	Intern und extern (zusammengefasst)	Markterfolg	+
Sharma & Vredenburg (1998)	Intern und extern (zusammengefasst)	operationaler Erfolg Markterfolg	+
Dowell et al. (2000)	Intern	finanzieller Erfolg	+
Enticott & Walker (2008)	Intern	operationaler Erfolg	0
Gonzalez-Benito & Gonzalez-Benito (2004)	Intern Intern (Funktionsspezifisch)	operationaler Erfolg Markterfolg finanzieller Erfolg	0 +
Judge & Douglas (1998)	Intern	finanzieller Erfolg	+
Menguc & Ozanne (2005)	Intern	Markterfolg finanzieller Erfolg	+
Link & Naveh (2006)	Umweltmanagmentsystem	finanzieller Erfolg	0
Melnyk et al. (2003)	Umweltmanagmentsystem	operationaler Erfolg Markterfolg	+
Sarkis & Dijkshoorn (2007)	Umweltmanagementsystem Intern Extern	operationaler Erfolg	0 - 0
Zhu & Sarkis (2004)	Intern Extern	operationaler Erfolg	+ +
Montabon et al. (2007)	Extern	Markterfolg finanzieller Erfolg	+

Tabelle 3: Wertschöpfungswirkung organisatorischer Maßnahmen
Quelle: Eigene Darstellung.

Studien, die interne und externe Maßnahmen nicht getrennt voneinander untersuchten, erbringen mehrheitlich positive Resultate. Sowohl Alvarez-Gil et al. (2001) als auch Aragón-Correa et al. (2008) ermittelten anhand von multiplen Regressionsanalysen einen signifikant positiven Einfluss organisatorischer Maßnahmen auf den finanziellen Erfolg. Die Untersuchungen bezogen gleichermaßen funktionsübergreifende Maßnahmen wie die Formalisierung von Verfahren, funktionsspezifische Maßnahmen aus dem Marketing-, Personal-, Beschaffungs- und Controllingbereich sowie Maßnahmen zur Kooperation mit externen Stakeholdern ein. Dabei konstatierten Alvarez-Gil et al. (2001), dass der positive Zusammenhang für Organisationen, die verschiedene Maßnahmen gleichzeitig kombinieren und in vollem Umfang anwenden, stärker ist als für Organisationen, die nur einzelne Maßnahmen implementieren.

Die bereits unter 3.3.1 beschriebenen positiven Wirkungszusammenhänge zwischen nachhaltigen Maßnahmen und dem Erfolg in den Studien von López-Gamero et al. (2009) sowie Sharma und Vredenburg (1998) gelten auch für die organisatorischen Maßnahmen. Diese Ergebnisse sind dahingehend zu interpretieren, dass organisatorische Maßnahmen die Entwicklung wertvoller Ressourcen und Fähigkeiten unterstützen. Beispielsweise werden durch spezielle Schulungen zum Umgang mit einer nachhaltigen Technologie wissensbasierte Humanressourcen aufgebaut. Des Weiteren kann durch eine Anpassung der Organisationsstruktur die unternehmensweite Kommunikation bezüglich umweltrelevanter Themen verbessert werden, was aufgrund der hohen Anzahl an beteiligten Funktionen einen sozial komplexen Vorgang darstellt.

Im Gegensatz zu diesen Studienergebnissen stellten Klassen und Whybark (1999) keinen signifikanten Zusammenhang zwischen organisatorischen Maßnahmen und dem operativen Erfolg fest. In Verbindung mit dem positiven Ergebnis bezüglich technischer Maßnahmen kann hieraus gefolgert werden, dass die Entwicklung der Fähigkeit, Vermeidungstechnologien effektiv einzusetzen, von zentralem Einfluss auf den Wettbewerbsvorteil ist. Organisatorische Maßnahmen alleine bedingen keinen Erfolg.

Die Abweichung des Studienergebnisses von Klassen und Whybark (1999) im Vergleich zu den zuvor analysierten, konsistenten Resultaten könnte ein Hinweis auf das unterschiedliche Wertschöpfungspotenzial verschiedener organisatorischer Maßnahmen sein, welches auch schon im Bereich der technischen Maßnahmen festgestellt wurde. Aufgrund dessen werden nachfolgend die Studien betrachtet, die ausschließlich interne Maßnahmen oder interne und externe Maßnahmen getrennt voneinander untersuchen.

Nach den Ergebnissen der multivariaten Regressionsanalysen von Dowell, Hart & Yeung (2000) entscheidet bereits die Ausrichtung der Umweltpolitik über den finanziellen Erfolg des Nachhaltigkeitsmanagements. In ihrer Stichprobe erzielten Unternehmen, die über lokale und nationale Vorschriften hinaus eigene, globale Nachhaltigkeitsstandards eingeführt hatten, einen signifikant höheren Erfolg als andere Unternehmen, die lediglich nationale oder lokale Mindestanforderungen erfüllten. Hierdurch wird die zentrale Rolle der betrieblichen Umweltpolitik, von der Art und Ausmaß nachhaltiger Maßnahmen abhängen, deutlich. Eine umfangreichere Umweltpolitik ist ein Hinweis darauf, dass eine ganzheitliche Ausrichtung auf Corporate Sustainability erfolgt, das heißt, alle internen Systeme und Prozesse auf die Verbesserung der Öko-Effizienz hin überprüft und entsprechend angepasst werden. Außerdem können durch die Einhaltung globaler Standards bei dem Markteintritt in Länder mit geringeren Nachhaltigkeitsregelungen First-Mover-Vorteile erzielt werden. Die hohe Bedeutung der strategischen Ausrichtung des Nachhaltigkeitsmanagements wird auch von Judge und Douglas (1998) untermauert. Sie zeigten anhand eines Strukturgleichungsmodells, dass die explizite Einbeziehung umweltbezogener Aspekte in den Prozess der strategischen Planung positiv und signifikant mit dem finanziellen Erfolg zusammenhängt ($\beta = 0.265$; $p < 0.01$). Außerdem verifizierten Judge und Douglas (1998) ihre Hypothesen, dass diese Fähigkeit von dem Kooperationsausmaß der Umweltabteilung mit anderen Funktionsbereichen und dem Ausmaß der bereitgestellten Ressourcen für diese Abteilung beeinflusst wird. Es wird deutlich, dass wertsteigerndes Nachhaltigkeitsmanagement eine komplexe, unternehmensweite Koordination beinhaltet, die von außen nur schwer beobachtet werden kann und daher einen Vorteil begründen kann. Dabei ist außerdem die Anerkennung der Nachhaltigkeitsstrategie durch die Organisationsmitglieder sowie die Verankerung in den Prozessen relevant. Ein erster Schritt in diese Richtung ist nach Menguc und Ozanne (2005) die klare Kommunikation der Nachhaltigkeitsstrategie an die Mitarbeiter. Darüber hinaus tragen in ihrer Untersuchung die Schulung der Mitarbeiter, der Einsatz von Handbüchern oder Arbeitsanweisungen zu umweltrelevanten Prozessen und die Schaffung von Austauschmöglichkeiten über Umweltthemen beispielsweise in Form eines Gremiums zu einer Wertsteigerung bei.

Gonzalez-Benito und Gonzalez-Benito (2005) zeigten, dass funktionsspezifische Maßnahmen im Bereich der Logistik einen positiven und signifikanten Einfluss auf den operativen Erfolg einer Lean Production haben ($\beta = 0.195$; $p < 0.05$). Die Konsolidierung von Warensendungen, die Evaluation und die Auswahl von Transportmethoden nach ihrer Umweltschädlichkeit sowie die Wiederverwendung von Transportbehältern führt demnach zu Verbesserungen hinsichtlich der Produktionsflexibilität, Zuverlässigkeit sowie Produktqualität. Das statistische Erklärungsmodell liefert für funktionsübergreifende Maßnahmen, die sich auf die Gestaltung der Organisationsstruktur und die Planung sowie Überprüfung der eigenen Umweltperformance beziehen, jedoch keine signifikanten Ergebnisse. In Bezug auf den Markterfolg ist dies dahingehend zu interpretieren, dass Konsumenten einen objektiven und überprüfbaren Nachweis des nachhaltigen Engagements wie beispielsweise in Form von Produktattributen für ihre Wertschätzung brauchen.

Auch zertifizierte Umweltmanagementsysteme können hierbei Abhilfe schaffen. Somit stellt sich die Frage, inwiefern von diesen Systemen ein Wertbeitrag ausgeht. Melnyk *et al.* (2003) konnten anhand von Regressionsmodellen ihre Hypothese verifizieren, dass der Erfolg bei Unternehmen, die kein oder kein formales Umweltmanagementsystem einsetzen, niedriger ist als Unternehmen mit einem nach ISO 14001 zertifizierten Managementsystem. Ein Umweltmanagementsystem ermöglicht es, die Umweltperformance vor dem Hintergrund der Strategie und den Zielen zu evaluieren, wodurch Abweichungen und damit Verbesserungspotenziale leicht aufgedeckt werden können. Die regelmäßigen Informationen stellen die kontinuierliche Überprüfung kritischer Funktionen sicher, wodurch Kosten gesenkt werden können. Außerdem wird die Kommunikation angeregt, da nicht nur zur Etablierung sondern auch zur Ausführung eines Umweltmanagementsystems verschiedene Positionen eingebunden werden müssen. Der Unterschied zwischen formalen und zertifizierten Systemen lässt sich durch die Außenwirkung eines standardisierten Zertifikats erläutern: Die Evaluation durch eine unabhängige Institution ist glaubhaft, weshalb Stakeholder dem Unternehmen ein größeres Vertrauen entgegenbringen (Müller *et al.*,2009). Hierdurch können Beziehungen und Reputation verbessert werden. Aufgrund der weltweiten Anerkennung des Zertifikats trägt es nicht nur zur Verbesserung der Wettbewerbsposition auf nationalen Märkten bei, sondern es beeinflusst auch Verkaufssteigerungen auf internationalen Märkten.

Die Untersuchung von Link & Naveh (2006) bestätigt dieses Ergebnis jedoch nicht. Sie zeigten zwar, dass die faktische Einhaltung der Anforderungen von ISO 14001 in der täglichen Praxis zur Standardisierung nachhaltiger Aktivitäten in allen Bereichen der Organisation führt und sich dies signifikant positiv auf die Umweltperformance auswirkt. Der finanzielle Erfolg wird hiervon jedoch nicht beeinflusst. Sarkis und Dijshoorn (2007) bestätigen dies für die Kostenwirkung eines Umweltmanagementsystems. Sie ermittelten mit Hilfe einer Data-Envelopment-Analyse die relative Kosteneffizienz bei der Behandlung von Feststoffabfällen und verglichen diese direkt für Unternehmen, die nachhaltige Maßnahmen implementiert haben, mit Unternehmen, die dies nicht getan haben. Durch die Einführung eines Umweltmanagementsystems können gemäß ihrer Analyse keine signifikanten Kosteneffizienzvorteile erzielt werden. Darüber hinaus ergibt sich für Abfallaudits und das Monitoring von Ausgaben für die Abfallbehandlung sogar ein negativer Zusammenhang. Das heißt, Unternehmen, die diese Maßnahmen nicht implementiert haben, verfügen über eine bessere Kosteneffizienz. Möglicherweise wurden diese Maßnahmen allerdings von Unternehmen mit einer unterdurchschnittlichen Leistung zur Verbesserung ihrer Situation eingeführt, wodurch dieses Ergebnis unter Umständen verfälscht wurde. Außerdem kann es sich um kurzfristige Effekte handeln, da die Implementierungsphase mit höheren Kosten verbunden ist als die operative Phase. Jedoch stellten auch Enticott und Walker (2008) mittels Regressionsanalysen keinen signifikanten Zusammenhang zwischen dem Einsatz von Indikatoren und Zielvorgaben zur Öko-Effizienz sowie deren systematischer Überprüfung und operationalem Erfolg feststellen.

Im Hinblick auf das Wertschöpfungspotenzial externer Maßnahmen zeigten Sarkis und Dijshoorn (2007), dass durch die Mitgliedschaft in einem Umweltnetzwerk oder -club kein signifikanter Kosteneffizienzvorteil erzielt wird. Im Gegensatz hierzu stellten Zhu und Sarkis (2004) jedoch einen stark positiven, hochsignifikanten Zusammenhang zwischen organisatorischen Maßnahmen und Kosten- und Gebührensenkungen fest. Dies gilt sowohl für die interne Dimension als auch für die externe Dimension, wobei letztere Maßnahmen zur intensiveren Abstimmung mit Zulieferern und Kunden enthält. Hierdurch kann das Leistungsangebot an die Präferenzen der Stakeholder angepasst werden. Der Unterschied dieses Ergebnisses zu dem von Sarkis und Dijshoorn (2007) könnte darauf hinweisen, dass durch die Kommunikation mit den Stakeholdern zielgerichtetere und wertvollere Informationen eingeholt werden können als durch den Dialog innerhalb eines Netzwerks. Auch durch die von Montabon et al. (2007) identifizierte externe Maßnahme wird die Bedeutung der Information über künftige Stakeholderanforderungen für die Wertsteigerung herausgestellt. In ihrer Untersuchung weist die Beobachtung der Märkte mit dem Ziel, Chancen für umweltfreundliche Produkte und Prozesse frühzeitig zu erkennen, eine hohe, positive kanonische Ladung auf (0.574) und beeinflusst signifikant den finanziellen Erfolg und den Markterfolg. Diese Maßnahme ermöglicht nicht nur die Schaffung eines Zusatznutzens sondern auch die Realisierung von First-Mover-Vorteilen.

Schließlich konnten Zhu & Sarkis (2004) ihre Hypothese verifizieren, dass sich Qualitätsmanagementprogramme verstärkend auf die positive Beziehung zwischen organisatorischen Maßnahmen und ökonomischen Ergebnissen auswirken. Konzepte wie Total Quality Management oder ISO 9000 zielen auf die Reduzierung von Verschwendung ab. Auf die in diesem Zusammenhang stehenden Bemühungen kann das interne Umweltmanagement aufbauen und so beispielsweise Lernerfahrungen im Bereich der ökologischen Abfallminimierung nutzen. Zudem ist denkbar, dass ein Unternehmen bereits einen guten Ruf aufbauen konnte und der Zertifizierungsprozess für ISO 14001 schneller ablaufen kann, wodurch ein weiteres Differenzierungsmerkmal geschaffen wird.

Alles in allem kann festgehalten werden, dass organisatorische Maßnahmen überwiegend einen positiven Beitrag zur Erreichung operativer, marktlicher und finanzieller Erfolge leisten. Eindeutig ist dieser Zusammenhang aufgrund mehrerer insignifikanter Ergebnisse, insbesondere in Bezug auf Umweltmanagementsysteme, jedoch nicht. Mehr noch als im Bereich der technischen Maßnahmen scheint ein längerer Wirkungszeitraum nötig zu sein, da die Maßnahmen kaum direkte Kosten- oder Risikosenkungen bzw. Erlössteigerungen ermöglichen. Die Wertschöpfungswirkung organisatorischer Maßnahmen ist hingegen hauptsächlich auf die Entwicklung von intangiblen Werten und Humanressourcen zurückzuführen, die weitgehend auf historischem Wachstum beruht. Gleichermaßen können hierzu interne und externe Maßnahmen beitragen.

3.4 Kontingenzfaktoren

Bereits in Kapitel 3.3 wurde darauf hingewiesen, dass Umweltbedingungen das Wertschöpfungspotenzial nachhaltiger Maßnahmen beeinflussen können. In diesem Kapitel wird die Analyse daher um mögliche Moderatorvariablen erweitert, wofür die Kontingenztheorie den Ausgangspunkt darstellt. Diese Theorie postuliert, dass der Erfolg einer Organisation von der Anpassung (fit) ihrer formalen Organisationsstruktur an die jeweilige Situation sowie von dem davon abhängigen Verhalten der Organisationsmitglieder bestimmt wird. Bei den Situationsfaktoren handelt es sich um bestimmte Eigenschaften oder Bedingungen der globalen Umwelt, Aufgabenumwelt und organisatorischen Umwelt (Kieser & Kubicek, 1992). Trotz der Vielzahl an unterschiedlichen Einflussfaktoren wurden Organisationsgröße, Fertigungstechnik und Aufgabenumwelt in empirischen Untersuchungen besonders häufig untersucht (Kieser, 2006; Ebers, 1992), weshalb eine weitreichende Bedeutung dieser Faktoren angenommen werden kann. Da die Analyse des Wirkungszusammenhangs zwischen Nachhaltigkeitsmanagement und Wertschöpfung in Kapitel 3.3 auch Organisationen außerhalb des Industriesektors mit einbezog und für diese der Kontingenzfaktor Fertigungstechnik nicht relevant war, wurde er von dieser Arbeit ausgeschlossen. Im Gegensatz zur Kontingenztheorie werden die Kontingenzfaktoren außerdem nicht als mechanistische Determinanten verstanden, sondern lediglich als beeinflussende Variablen des Wirkungszusammenhangs (Aragón-Correa & Sharma, 2003).

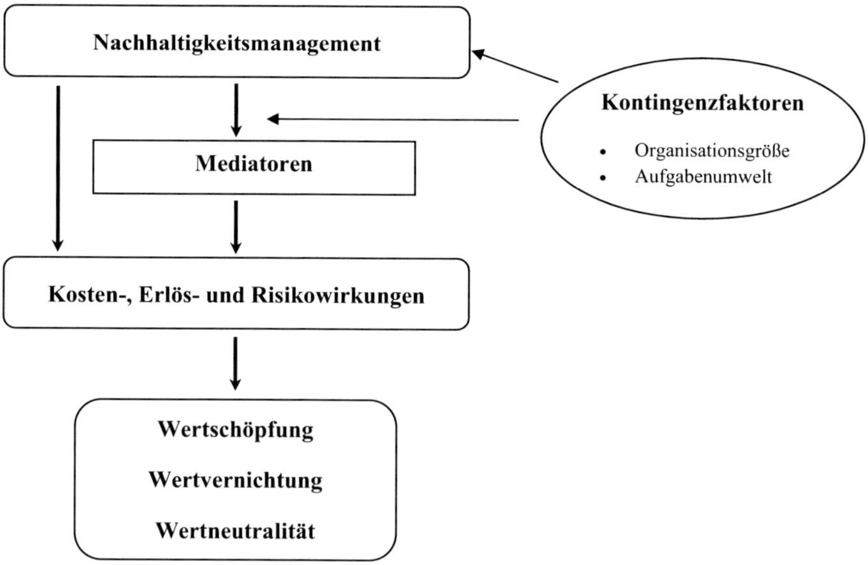

Abbildung 5: Erweitertes Kausalmodell Nachhaltigkeitsmanagement
Quelle: Eigene Darstellung.

3.4.1 Organisationsgröße

Die Unternehmensgröße kann sowohl die Anforderungen an das Nachhaltigkeitsmanagement als auch die Umsetzungsmöglichkeiten beeinflussen. Zum einen ist davon auszugehen, dass mit dem Mengenwachstum der Ausbringungsmenge und der Anzahl der unterschiedlichen Geschäftsfelder die Umweltgefährdungen ansteigen (Jacobs, 1994). Zum anderen sind große Unternehmen aufgrund der Sichtbarkeit und Bekanntheit ihrer Marken einer wachsameren Beobachtung und kritischeren Wahrnehmung durch die Öffentlichkeit ausgesetzt als kleine Betriebe (Elsayed, 2006; López-Gamero *et al.*, 2009). Die besondere Exponiertheit führt dazu, dass Großunternehmen oftmals stellvertretend für die ganze Branche oder die gesamte Wertschöpfungskette die Verantwortung für Nachhaltigkeit übertragen wird, auch wenn die von ihnen ausgehenden Umweltgefährdungen nicht größer sind als bei kleineren Unternehmen (Udayasankar, 2008). Daher ist das Nachhaltigkeitsmanagement vor allem für große Unternehmen von akuter Relevanz (McWilliams & Siegel, 2001). In diesem Kontext bestätigen auch mehrere der zuvor analysierten Studien, dass große Unternehmen nachhaltige Maßnahmen früher und in einer größeren Anzahl implementieren als kleine Unternehmen (Alvarez-Gil *et al.*, 2001; Gonzalez-Benito & Gonzalez-Benito, 2005; López-Gamero *et al.*, 2009; Yang *et al.*, 2011). Hierdurch ist die Realisierung von Skaleneffekten und Verbundvorteilen möglich, die den Wirkungszusammenhang zwischen Nachhaltigkeitsmanagement und Wertschöpfung beeinflusst. Insbesondere technische Maßnahmen erfordern hohe Anfangsinvestitionen, die unter Umständen erhebliche Fixkosten nach sich ziehen. Diese werden über die Anzahl der produzierten Einheiten amortisiert, weshalb Unternehmen mit einem hohen Output im Vorteil sind. Zudem können sie durch ihre Verhandlungsstärke Mengenrabatte beim Einkauf erzielen, die ebenfalls zu geringeren Durchschnittskosten führen (McWilliams & Siegel, 2001). Große Unternehmen investieren zudem massiv in Forschung und Entwicklung, wodurch die Wahrscheinlichkeit zur Hervorbringung einer Innovation steigt (Moore & Manring, 2009). Handelt es sich bei einer Innovation beispielsweise um ein nachhaltiges Produktattribut, so kann es für eine ganze Produktfamilie eingesetzt werden, wodurch Kosten gesenkt werden. Ein anderer Verbundvorteil ergibt sich für diversifizierte Unternehmen aus einem guten Nachhaltigkeitsruf, von dem auch andere Marken des Unternehmens profitieren. Neben den economies of scale und economies of scope scheint auch das Vorhandensein überschüssiger Ressourcen (slack resources) den Wirkungszusammenhang zu beeinflussen (Alvarez-Gil *et al.*, 2001; Elsayed, 2006). Demnach ist ein gewisses Maß an finanziellen, sachlichen und personellen Ressourcen, die für nachhaltige Maßnahmen bereitgestellt werden können, erforderlich, um das Wertschöpfungspotenzial auszunutzen. Dies ist besonders vor dem Hintergrund des unter Kapitel 3.3 herausgestellten mittel- bis langfristigen Wertsteigerungszeitraums von Bedeutung. Während große Unternehmen über diese Kapazitäten verfügen und in der Lage sind diese für das Umweltmanagement effizient umzuorganisieren, sind kleinere Unternehmen in ihrem Ressourcenzugang sowie ihrer -ausstattung beschränkt und schrecken daher oftmals vor proaktiven Handlungen zurück (Biondi, Iraldo & Meredith, 2002; Loew & Clausen, 2010). Dieser Unterschied wiegt nach den Ergebnissen von Gonzalez-Benito und Gonzalez-Benito (2005) besonders schwer bei organisatorischen Maßnahmen. So verfügen große Unternehmen in der Regel über eine formale Organisation, die Verantwortungen und Aufgaben klar festlegt (Moore & Manring, 2009), wodurch die Spezialisierung bestimmter Mitarbeiter auf das Umweltthema einfach zu integrieren ist. Für den Aufbau dieser funktionalen Expertise fehlt es kleineren Unternehmen sowohl an Managementzeit als auch an Humanressourcen (Aragón-Correa, 1998; Biondi *et al.*, 2002). Diese Ungleichheit können Großunternehmen zudem noch weiter verschärfen. Aufgrund ihres Machtpotenzials und der damit verbundenen Möglichkeit zur aktiven Mitarbeit und zum

Lobbyismus können sie die Entwicklung neuer rechtlicher Regelungen dahingehend beeinflussen, dass kleinere Wettbewerber stärker benachteiligt werden (Schaltegger & Hasenmüller, 2005; Nehrt, 1996). Durch die bereits erwähnte Sichtbarkeit trägt das Nachhaltigkeitsmanagement bei großen Unternehmen außerdem wesentlich mehr zur Erhaltung der Legitimation sowie dem Aufbau einer guten Reputation bei als bei kleineren Unternehmen, deren nachhaltige Aktivitäten unter Umständen nur wenig Beachtung findet (Udayasankar, 2008).

Nur zwei der in Kapitel 3.3 analysierten Studien konzentrierten sich auf das Nachhaltigkeitsmanagement in kleinen Unternehmen. Die Ergebnisse von Sarkis und Dijkhoorn (2007) unterstützen die oben angeführten Argumente, da überwiegend ein wertneutraler oder sogar wertvernichtender Beitrag nachhaltiger Maßnahmen ermittelt wurde. Hingegen bewiesen Aragón-Correa et al. (2008), dass auch kleine Unternehmen von Nachhaltigkeit profitieren können. Sie machten deutlich, dass ein wertsteigerndes Nachhaltigkeitsmanagement sowohl bei großen Unternehmen als auch bei kleinen Unternehmen von der Entwicklung wertvoller Ressourcen und Fähigkeiten abhängt, diese aber unterschiedlichen Ursprungs und verschiedener Art sein können. So zeichnet sich die Organisationsstruktur kleiner Unternehmen durch eine Orientierung am Entrepreneurship und weniger formalisierte Abläufe aus. Dadurch können Kommunikations- und Entscheidungswege verkürzt und den Mitarbeitern größere Freiheiten in Bezug auf die Art und Weise ihrer Aufgabenbewältigung eingeräumt werden (Dean, Brown & Bamford, 1998). Dies ermöglicht Flexibilität und Schnelligkeit in der Bewältigung neuer Anforderungen wie zum Beispiel ökologische Kundenwünsche, die große Unternehmen aufgrund ihrer starren Strukturen nicht erreichen können (structural inertia). So können kleine Unternehmen leichter Marktnischen ausfindig machen und besetzen (Dean *et al.*, 1998). Durch die geringere Ressourcenausstattung sind kleine Unternehmen dabei jedoch auf die Unterstützung ihrer externen Stakeholdern angewiesen, um die für das Nachhaltigkeitsmanagement benötigten Ressourcen zu erhalten. Hierdurch entwickeln kleine Unternehmen oftmals die Fähigkeit eine vertrauensvolle Kollaboration aufzubauen und langfristig sicher zu stellen, was sich positiv auf die Stakeholderbeziehungen auswirkt (Aragón-Correa *et al.*, 2008).

3.4.2 Aufgabenumwelt

Die Aufgabenumwelt kann durch die Merkmale Unsicherheit und Komplexität charakterisiert werden. Eine Umwelt gilt als unsicher oder dynamisch, wenn Veränderungen und ihre Wirkung auf die Organisation unvorhersehbar bezüglich ihrer Stärke, Häufigkeit und Irregularität sind (Child, 1972). Beispiele sind die Änderung von Konsumentenpräferenzen oder von rechtlichen Regelungen (Sharma, Aragón-Correa & Rueda-Manzanares, 2007). Unternehmen in unsicheren Umwelten müssen für ihr Fortbestehen besonders wachsam gegenüber neuen Möglichkeiten sein, weshalb sie innovative Strategien verfolgen und dabei größere Risiken eingehen als Unternehmen in weniger dynamischen Umwelten (Rothenberg & Zyglidopoulos, 2007). Dies ist ein Ausdruck der Bestrebung, Ereignisse zu antizipieren und entsprechende Vorkehrungen zu treffen anstatt erst auf bereits eingetretene Ereignisse zu reagieren (Aragón-Correa & Sharma, 2003). Hierfür beschleunigen Unternehmen ihre Innovationstätigkeit sowohl im Produkt- als auch im Prozessbereich, indem sie ihre bestehenden Ressourcen anders als bisher einsetzen oder neu miteinander kombinieren. Dies wird durch eine dezentralisierte Organisationsstruktur sowie die enge Kooperation mit Stakeholdern unterstützt (Sharma *et al.*, 2007). Diese proaktive Ausrichtung führt dazu, dass Unternehmen in unsicheren Umwelten nachhaltige Maßnahmen früher und in einem größeren Umfang implementieren als andere (Rothenberg & Zyglidopoulos, 2007; Sharma *et al.*, 2007). Hinsichtlich der Art der nachhaltigen Maßnahmen lässt sich feststellen, dass in unsicheren Umwelten vermehrt in Ansätze zur Vermeidung von Umweltbelastungen investiert wird als in nachsorgende Technologien (Aragón-Correa, 1998). Nach den Ergebnissen der Analyse in Kapitel 3.3 haben vorsorgende Maßnahmen aufgrund ihrer wissensbasierten Technologien ein höheres Wertschöpfungspotenzial. Es kann daher vermutet werden, dass eine hohe Umweltunsicherheit den Zusammenhang zwischen Nachhaltigkeitsmanagement und Wertschöpfung positiv moderiert (Klassen & Whybark, 1999).

Komplexität bezieht sich auf die Menge und Vielfalt der Umweltfaktoren, das heißt je größer die Anzahl der zu betrachtenden Umweltfaktoren und je größer die Unterschiede zwischen diesen Faktoren, desto komplexer die Umwelt (Duncan, 1972). In einer komplexen Umwelt haben Unternehmen häufig Schwierigkeiten damit, strategische Erfolgsfaktoren zu identifizieren und tiefgreifende Veränderungen durchzuführen (Aragón-Correa & Sharma, 2003). Die Einführung nachhaltiger Maßnahmen ist jedoch mit weitreichenden organisatorischen sowie technischen Modifikationen verbunden, von denen viele Funktionen betroffen sind (Russo & Fouts, 1997; Nehrt, 1996). So müssen nicht nur interne Stakeholder miteinbezogen werden, sondern es geht insbesondere um die Integration verschiedener Perspektiven beispielsweise bei der Produktentwicklung. Aufgrund dessen kann vermutet werden, dass eine hohe Komplexität der Umwelt den Zusammenhang zwischen Nachhaltigkeitsmanagement und Wertschöpfung negativ beeinflusst.

4 Implikationen

Aus der Analyse des Zusammenhangs von Nachhaltigkeitsmanagement und Wertschöpfung lassen sich sowohl für die Forschung als auch für die Praxis verschiedene Implikationen ableiten.

4.1 Forschung

Der Forschungsbedarf zum ökonomischen Wertschöpfungspotenzial nachhaltiger Maßnahmen ist keinesfalls gedeckt, da bislang nicht eindeutig geklärt werden konnte, wo und wann die positiven Wirkungen enden (Judge & Douglas, 1998; Russo & Fouts, 1997). Beispielsweise kann eine Fokussierung auf nachhaltige Aktivitäten dazu führen, dass andere Unternehmensbereiche zu wenig beachtet werden und es hierdurch zu einer Wertvernichtung kommt (Russo & Fouts, 1997).

Zukünftige Untersuchungen in diesem Forschungsfeld sollten einen längeren Untersuchungszeitraum abdecken, da die hier analysierten Studienergebnisse andeuten, dass nachhaltige Maßnahmen auf kurze Sicht wertneutral oder sogar wertvernichtend wirken und sich ihr Wertschöpfungspotenzial erst auf lange Sicht in den entsprechenden Erfolgsmaßen niederschlägt (Alvarez-Gil *et al.*, 2001; Gonzalez-Benito & Gonzalez-Benito, 2005; Link & Naveh, 2002; Menguc *et al.*, 2007). Dabei könnte der Forschungsaufwand minimiert werden, indem auf die bereits verwendeten Samples zurückgegriffen wird (Melnyk *et al.*, 2003).

Darüber hinaus sollten die Wirkungszusammenhänge aber auch in weiteren Branchen und Ländern untersucht werden, da hier andere Rahmenbedingungen herrschen, die den Zusammenhang beeinflussen können (Christmann, 2000). Beispielsweise könnte vermutet werden, dass Nachhaltigkeit in Entwicklungsländern zu einem geringeren Markterfolg führt, da die Öko-Sensibilisierung der Kunden noch nicht so weit fortgeschritten ist wie in hochentwickelten Ländern (Yang *et al.*, 2011). Auch die unterschiedliche Komplexität und Unsicherheit der Aufgabenumwelt muss in weiteren Studien systematisch berücksichtigt werden (Sharma *et al.*, 2007). Ebenso sollten weitere Studien gezielt Organisationen der öffentlichen Hand sowie kleine Unternehmen untersuchen. Durch die Erweiterung der Samples können sowohl weitere Gemeinsamkeiten, die zur Generalisierbarkeit beitragen, als auch Unterschiede aufgedeckt werden, die den Weg für einen zielgerichteteren Einsatz des Nachhaltigkeitsmanagements ebnen (Aragón-Correa *et al.*, 2008; Klassen & Whybark, 1999). Außerdem könnte hierdurch die Kausalität der Zusammenhänge besser erschlossen werden, um somit das Argument, dass nur erfolgreiche Organisationen in Umweltmanagement investieren können, zu falsifizieren (Link & Naveh, 2006).

Im Hinblick auf die Messung des Nachhaltigkeitsmanagements ist einerseits zu befürworten weitere Unternehmensmitglieder zu ihrer Sichtweise zu befragen, da die Einschätzungen der Unternehmensführung oder der Umweltbeauftragten unter Umständen nicht auf die gesamte Organisation zutreffen (Judge & Douglas, 1998). Andererseits ist der Einbezug sekundärer Daten sinnvoll, um die Glaubwürdigkeit und die Vergleichbarkeit der Ergebnisse zu erhöhen (Link & Naveh, 2006; Sharma & Vredenburg, 1998). Hierzu würde auch die Identifizierung und Entwicklung von standardisierten Skalen beitragen. Diese müssen allerdings der Mehrdimensionalität des Nachhaltigkeitskonzepts gerecht werden (Yang *et al.*, 2011). Gleichzeitig ist eine detaillierte Untersuchung einzelner Maßnahmen zu empfehlen, da dies möglicherweise eindeutigere Ergebnisse liefert als die Analyse von Maßnahmenbündeln. Aufgrund der uneindeutigen Ergebnisse bezüglich des Wertschöpfungspotenzials organisatorischer Maßnahmen, ist der weitere Forschungsbedarf in diesem Bereich des Nachhaltigkeitsmanagements besonders hoch (Melnyk *et al.*, 2003).

Bei der Messung der Wertschöpfung könnte der gleichzeitige Einsatz mehrerer Erfolgsvariablen zu einem weiteren Erkenntnisfortschritt führen, da die bisherigen Untersuchungsergebnisse diesbezüglich auf unterschiedliche Wirkungszusammenhänge der verschiedenen nachhaltigen Maßnahmen hinweisen (Gonzalez-Benito & Gonzalez-Benito, 2005).

Zudem müssen die Mediatorvariablen weiter erforscht werden, wofür sich der ressourcenorientierte Ansatz als zweckdienlich herausstellte. Zukünftige Untersuchungen sollten bestehende Ressourcen und Strategien von Unternehmen einbeziehen, da hiervon die Möglichkeiten zur Entwicklung neuer Fähigkeiten abhängen (Christmann, 2000). Außerdem sind die Zusammenhänge der einzelnen Bereiche des Nachhaltigkeitsmanagement und den verschiedenen Mediatorvariablen sowie Erfolgstreibern noch nicht eindeutig bewiesen. In dieser Analyse wurde bereits herausgestellt, dass es Unterschiede in der Wirkungsweise verschiedener Maßnahmen gibt. Beispielsweise wirkt der Einsatz organisatorischer Maßnahmen der externen Dimension überwiegend infolge eines Reputationsaufbaus auf Kosten, Erlös und Risiko. Im Gegensatz dazu wirken Maßnahmen der internen Dimension eher über eine Verbesserung des kontinuierlichen

Lernens auf die Wertschöpfung (Sharma & Vredenburg, 1998). Diese spezifischen Kausalitäten gilt es genauer zu erforschen.

4.2 Praxis

Insgesamt lässt sich aus den Ergebnissen ableiten, dass Unternehmen das Wertschöpfungspotenzial nachhaltiger Maßnahmen stärker ausnutzen und sich nicht von anfänglichen Mehrausgaben abschrecken lassen sollten (King & Lenox, 2002; López-Gamero *et al.*, 2009). Dies bezieht kleine Unternehmen explizit mit ein. Ignorieren Unternehmen freiwillige Nachhaltigkeit, so verschenken sie wertvolle Chancen zur ökonomischen Wertsteigerung (Schaltegger & Synnestvedt, 2001). Dabei sollte sich die Unternehmensführung aber bewusst darüber sein, dass Unterschiede bezüglich des Wertsteigerungspotenzials existieren und positive Wirkungen oft erst nach längerer Zeit einsetzen (Aragón-Correa & Sharma, 2003).

Aufgrund der in der Analyse gewonnenen Erkenntnisse können bezüglich der Auswahl und Implementierung nachhaltiger Maßnahmen folgende Handlungsempfehlungen formuliert werden:

Nachhaltigkeit im Produktbereich sollte in erster Linie bei der Produktentwicklung ansetzen, da hierdurch die Mehrheit der Umweltauswirkungen des gesamten Lebenszyklus bestimmt wird. Für diese Phase empfiehlt sich eine umfassende Interaktion sowohl zwischen den einzelnen Unternehmensfunktionen als auch zwischen dem Unternehmen und den externen Stakeholdern, insbesondere den Kunden (Carter *et al.*, 2000). Die Einbeziehung der verschiedenen Ideen, Anliegen und Erwartungen ermöglicht innovative Problemlösungen und trägt zu einem auf den Kunden zugeschnittenen Leistungsangebot sowie einem guten Nachhaltigkeitsruf bei (Schaltegger & Hasenmüller, 2005). Des Weiteren sollten Kunden umfassend über etwaige nachhaltige Veränderungen der Produkte informiert werden, insbesondere wenn sie nicht direkt sichtbar sind, um so die Differenzierung zu anderen Anbietern herauszustellen. Demnach muss ein aktives Marketing die produktbezogenen Maßnahmen unterstützen. Sowohl bei der Weiterentwicklung von Produkten als auch bei Neuprodukten muss jedoch stets darauf geachtet werden, dass durch eine Einsparung von Materialien insbesondere im Bereich der Verpackung die Funktionalität nicht beeinträchtigt wird, da es sonst aufgrund von erhöhter Beschädigungsgefahr zu einem Nutzenverlust kommt (Carter et al, 2006).

Im Prozessbereich ist von der übermäßigen Implementierung nachsorgender Maßnahmen abzuraten. Stattdessen sollte der Fokus auf Technologien zur Vermeidung von Umweltbelastungen liegen (Klassen & Whybark, 1999), da sie ein höheres Potenzial für Kosten- und Risikosenkungen sowie Erlössteigerungen haben. Auch sollten diese Maßnahmen intern entwickelt und nicht zugekauft werden. Dies liegt an den mit der Entwicklung einhergehenden kollektiven Lernprozessen, die zum Aufbau unternehmensspezifischen Know-Hows führen und somit eine wertvolle Ressource darstellen (King & Lenox, 2002). Außerdem werden durch Kooperationen Effizienzverbesserungspotenziale der Prozesse leichter aufgedeckt, was die Schaffung von Innovationen begünstigt. Diese sollten möglichst früh auf den Markt gebracht werden, um von First-Mover-Vorteilen profitieren zu können. Dies ist besonders für multinationale Unternehmen zu empfehlen, da sie durch die Verfolgung eines hohen Nachhaltigkeitsniveaus in Ländern mit geringeren Standards zu den Vorreitern gehören (Nehrt, 1996).

Im Hinblick auf eine nachhaltige Organisation gilt es, organisatorische Maßnahmen gezielt zur Sicherstellung der unternehmensweiten Anerkennung des Nachhaltigkeitsthemas sowie zur Entwicklung organisationaler Fähigkeiten einzusetzen (Sharma *et al.*, 2007). Hierfür sollte das Thema in erster Linie in die Unternehmensstrategie und -politik mitaufgenommen werden (Judge & Douglas, 1998). Des Weiteren sollte durch die Anpassung der Organisationsstruktur und der Ablaufprozesse die Kommunikation zwischen den verschiedenen Abteilungen gefördert werden. Dazu sind insbesondere Funktionsbereiche einzubinden, die häufig abteilungsübergreifend tätig sind wie zum Beispiel die Beschaffung oder das Marketing (Carter *et al.*, 2000). Zudem unterstützen auch gezielte Anreize wie eine größere Eigenverantwortlichkeit der Mitarbeiter die Entwicklung organisationaler Fähigkeiten (Klassen & Whybark, 1999). Auch wenn zertifitizierte Umweltmanagementsysteme unter Umständen nur zu einer Verbesserung der Öko-Effektivität und nicht der Öko-Effizienz führen, sollte dies Motivation genug für eine Einführung sein. So können zertifizierte Systeme als Differenzierungsmerkmale eingesetzt werden, die zur Verbesserung der Glaubwürdigkeit beitragen (Link & Naveh, 2002; Melnyk *et al.*, 2007).

Bei der Auswahl nachhaltiger Maßnahmen sind darüber hinaus die jeweiligen Situationsfaktoren des Unternehmens zu beachten, da das Wertschöpfungspotenzial hiervon beeinflusst wird (Christmann, 2000; López-Gamero *et al.*, 2009). So spielt beispielsweise im Dienstleistungssektor die Intensivierung des Kundendialog eine große Rolle, während im Industriesektor die Kommunikation mit den Lieferanten über ein höheres

Wertschöpfungspotenzial verfügt. Für öffentliche Organisationen sind Maßnahmen, die die Beziehung zu den externen Stakeholdern fördern, insgesamt weniger relevant für einen Wertzuwachs (Enticott & Walker, 2008). Der Unsicherheit und der Komplexität der Umweltbedingungen sollte zudem mit einer kontinuierlichen Abstimmung des Leistungsangebots auf die Anforderungen der Stakeholder sowie damit einhergehenden Lern- und Innovationsprozessen begegnet werden (Aragón-Correa & Sharma, 2003). Es sollte demnach aktiv nach Differenzierungsmöglichkeiten durch Nachhaltigkeit gesucht werden (Montabon *et al.*, 2007; Peloza & Shang, 2011). Dabei muss allerdings darauf geachtet werden, dass die eingesetzten Maßnahmen auch zu den bereits vorhandenen Fähigkeiten und Ressourcen passen. Mangelt es einem Unternehmen beispielsweise an Fähigkeiten für Prozessinnovation und -implementierung, so sollte ein weniger proaktiver Nachhaltigkeitsansatz gewählt werden, der die Imitation von erprobten Maßnahmen erlaubt (Christmann, 2000; Nehrt, 1996).

Des Weiteren ist zu beachten, dass die Auswahl nachhaltiger Maßnahmen stets in Abhängigkeit des Maßnahmenportfolios sowie der Gesamtstrategie erfolgen sollte und daher eine Aufgabe der Unternehmensführung ist (Alvarez-Gil et al., 2001; Aragón-Correa & Sharma, 2003; Schaltegger & Synnestvedt, 2001). Nur die Integration des Nachhaltigkeitsmanagements mit der eigentlichen Geschäftstätigkeit, das heißt dem Kerngeschäft, kann langfristig zu einer Unternehmenswertsteigerung führen (Porter & Kramer, 2006). Für die erfolgreiche Umsetzung dieser Aufgabe sollte die Unternehmensführung auf Instrumente wie zum Beispiel die Sustainability Balanced Scorecard zurückgreifen, da diese eine systematische Abstimmung des komplexen Nachhaltigkeitsthemas auf die Kernprozesse des Unternehmens ermöglichen (Schaltegger, 2004).

Insgesamt empfiehlt sich für Unternehmen ein kontinuierliches Nachhaltigkeitsengagement, welches zudem offen kommuniziert wird, da andernfalls die positiven Wirkungen erodieren können (Russo & Fouts, 1997).

5 Fazit

Mit dem Ziel einen ökonomischeren Umgang mit dem Nachhaltigkeitsthema in der Betriebswirtschaft zu erreichen, wurden in dieser Arbeit die Wertschöpfungspotenziale nachhaltiger Maßnahmen systematisch analysiert. Es konnte herausgestellt werden, dass Unternehmen durch die Globalisierung, die Entwicklung von Informations- und Kommunikationstechnologien sowie die zunehmende Öko-Sensibilisierung der Stakeholder zunehmend unter Druck geraten, aktiv Verantwortung für die Umweltauswirkungen ihrer Geschäftstätigkeit zu übernehmen. In erster Linie zielen Unternehmen mit Corporate Sustainability daher auf die Sicherstellung der Legalität und gesellschaftlichen Legitimität ab. Aufgrund der in dieser Arbeit gewonnenen Erkenntnisse kann aber davon ausgegangen werden, dass wertorientierte Motive in Zukunft an Bedeutung gewinnen werden. Insgesamt zeigte die Analyse empirischer Studien, dass nachhaltige Maßnahmen weitestgehend keine Belastung der unternehmerischen Leistungsfähigkeit darstellen, sondern stattdessen wertsteigernd wirken. Dabei wurden jedoch unterschiedliche Wertschöpfungspotenziale festgestellt. Während produktbezogene Maßnahmen sowie technische Maßnahmen zur Vermeidung von Umweltschäden viele Möglichkeiten zur Wertsteigerung bieten, wirken nachsorgende Maßnahmen meist wertvernichtend. Die Ergebnisse bezüglich organisatorischer Maßnahmen waren weniger eindeutig. Dennoch können diese Maßnahmen zur Wertsteigerung beitragen, indem sie die ganzheitliche Ausrichtung des Unternehmens auf das Nachhaltigkeitsthema gewährleisten.

Darüber hinaus konnte herausgestellt werden, dass oftmals Mediatoren die Wirkungszusammenhänge vermitteln. So kann nicht nur das Timing der Einführung entscheidend für das Wertschöpfungspotenzial einer nachhaltigen Maßnahme sein, sondern auch der geschaffene Zusatznutzen durch ein nachhaltiges Attribut. Da nachhaltige Maßnahmen außerdem zur Verbesserung der Stakeholderbeziehungen und der Reputation sowie zur Sicherung der license to operate beitragen, sind auch diese Faktoren im Wirkungszusammenhang zu beachten. Eine besonders wichtige Erkenntnis ist, dass nachhaltige Maßnahmen auch zur Entwicklung wertvoller Ressourcen und organisationaler Fähigkeiten im Sinne des ressourcenorientierten Ansatzes beitragen. Da der Aufbau dieser intangiblen Werte über einen längeren Zeitraum hinweg stattfindet, können auch Kosten- und Risikosenkungen sowie Erlössteigerungen erst nach einiger Verzögerung realisiert werden. Schließlich scheinen auch Kontingenzfaktoren wie die Organisationsgröße und die Aufgabenumwelt den Wirkungszusammenhang zu beeinflussen.

Aufgrund dieser Erkenntnisse kann die Managementpraxis ermutigt werden verstärkt in nachhaltige Maßnahmen zu investieren. Dabei sollten jedoch stets die unternehmensspezifischen Ressourcen und Fähigkeiten sowie die jeweiligen Situationsbedingungen beachtet werden, da nicht jede Maßnahme gleichermaßen wertschöpfend wirkt.

Literaturverzeichnis

Alvarez-Gil, M.J., Burgos-Jimenez, J. & Cespedes-Lorente, J.J. (2001). An analysis of environmental management,organizational context and performance of Spanish hotels. *Omega, 29,* 457-471.

Annandale, D., Morrison-Saunders, A. & Bouma, G. (2004). The impact of voluntary environmental protection instruments on company environmental performance. *Business Strategy and the Environment, 13,* 1-12.

Aragón-Correa, J.A. (1998). Strategic proactivity and firm approach to the natural environment. *Academy of Management Journal, 41 (5),* 556-567.

Aragón-Correa, J.A., Hurtado-Torres, N., Sharma, S. & García-Morales, V.J. (2008) Environmental strategy and performance in small firms: A re source-based perspective. *Journal of Environmental Management, 86,* 88-103.

Aragón-Correa, J.A. & Sharma, S. (2003). A contingent resource-based view of proactive corporate environmental strategy. *Academy of Management Review, 28* (1), 71-88.

Balderjahn, I. (2004). *Nachhaltiges Marketing-Management: Möglichkeiten einer umwelt- und sozialverträglichen Unternehmenspolitik.* Stuttgart: Lucius & Lucius.

Barnett, M.L. (2007). Stakeholder influence capacity and the variability of financial returns to corporate social responsibility. *Academy of Management Review, 32* (3), 794-816.

Barney, J. (1991). Firm resources and sustained competitive advantage. *Journal of Management, 17* (1), 99-120.

Bartsch, S. & Schlagwein, D. (2010): Ein konzeptionelles Framework zum Verständnis des multidimensionalen Gegenstandes des Wertbeitrags der IT. *Proceedings of the Multikonferenz Wirtschaftsinformatik (MKWI) 2010.* Göttingen.

Binhack, K., Häusle, T., Flatz, A., Escher, F. & Suhr, K. (2006). Zukunftsfaktor Nachhaltiges Wirtschaften. Ergebnisse einer Studie zur Umsetzung nachhaltigen Wirtschaftens in international tätigen deutschen Unternehmen. [Online]. Verfügbar unter http: Hostname: www2.gtz.de Verzeichnis: dokumente/bib/06-0182.pdf [19.07.2011].

Biondi, V., Iraldo, F. & Meredith, S. (2002). Achieving sustainability through environmental innovation: the role of SMEs. *International Journal of Technology Management, 24* (5/6), 612-626.

BMU - Bundesministerium für Umwelt, Naturschutz und Reaktorsicherheit (1997). *Auf dem Weg zu einer nachhaltigen Entwicklung in Deutschland.* Bonn: BMU.

Brady, J. (2005). *Environmental Management in Organizations.* London: Earthscan.

Burger, D. & Mayer, C. (2003). *Ernst machen mit nachhaltiger Entwicklung: die Rolle von Sozial- und Ökostandards.* [Online]. Verfügbar unter http: Hostname: www.gtz.de Verzeichnis: dokumente/de-ernstmachen-mit-nachhaltiger-entwicklung-neu-gesamt.pdf [08.02.2011].

Burschel, C., Losen, D. & Wiendl, A. (2004). *Betriebswirtschaftslehre der nachhaltigen Unternehmung.* München: Oldenbourg.

Carter, C.R., Kale, R. & Grimm, C.M. (2000). Environmental purchasing and firm performance: an empirical investigation. *Transportation Research Part E, 36,* 219-228.

Child, J. (1972). Organizational Structure, Environment and Performance: The Role of Strategic Choice. *Sociology, 6,* 1-22.

Christmann, P. (2000). Effects Of "Best Practices" Of Environmental Management On Cost Advantage: The Role Of Complementary Assets. *Academy of Management Journal, 43* (4), 663-680.

Clarkson, P.M., Li, Y., Richardson, G.D. & Vasvari, F.P. (2011). Does it really pay to be green? Determinants and consequences of proactive environmental strategies. *Journal of Accounting and Public Policy, 30*, 122-144.

Cordano, M. (1993). Making the natural connection: Justifying investment in environmental innovation. *Proceedings of the International Association for Business and Society,* 530-537.

Corsten, H. (2008). Nachhaltige Produktgestaltung. In M. Hauff, V. Lingnau, & K.J. Zink (Hrsg.), *Nachhaltiges Wirtschaften* (S. 215-250). Baden-Baden: Nomer.

Cramer, J. (2002). From financial to sustainable profit. *Corporate Social Responsibility and Environmental Management, 9,* 99-106.

Czymmek, F., Freier, I., Hesselbarth, C. & Kleine, A. (2009). Corporate Social Responsibility. In: A. Baumast & J. Pape (Hrsg.), *Betriebliches Umweltmanagement im 21. Jahrhundert* (4. Aufl.) (S.241-254). Stuttgart: Ulmer Verlag.

Dean, T.J., Brown, R.L. & Bamford, C.E. (1998). Differences in large and small firm responses to environmental context: strategic implications from a comparative analysis of business formations. *Strategic Management Journa, 19,* 709-728.

Deutscher Bundestag (1998). *Konzept Nachhaltigkeit. Vom Leitbild zur Umsetzung.* Bonn: Deutscher Bundestag.

DIN EN ISO 14001 (2005). *Umweltmanagementsysteme. Anforderungen mit Anleitung zur Anwendung (ISO14001:2004).* Berlin.

Dowell, G., Hart, S. & Yeung, B. (2000). Do Corporate Global Environmental Standards Create or Destroy Market Value? *Management Science, 46* (8), 1059-1074.

Duncan, R.B. (1972). Characteristics of Organizational Environments and Perceived Environmental Uncertainty. *Administrative Science Quarterly, 17,* 313-327.

Dyckhoff, H. (2000). Kreislaufgerechte Produktentwicklung. In H. Dyckhoff (Hrsg.), *Umweltmanagement: Zehn Lektionen in umweltorientierter Unternehmensführung* (S. 99-150). Berlin: Springer.

Dyllick, T. (2003a). Konzeptionelle Grundlagen unternehmerischer Nachhaltigkeit. In Linne, G. & Schwarz, M. (Hrsg.). *Handbuch Nachhaltige Entwicklung. Wie ist nachhaltiges Wirtschaften machbar?* (S. 235 – 243). Opladen: Leske + Budrich.

Dyllick, T. (2003b). Nachhaltigkeitsorientierte Wettbewerbsstrategien. In: Linne, G. & Schwarz, M (Hrsg.): *Handbuch Nachhaltige Entwicklung. Wie ist nachhaltiges Wirtschaften machbar?*(S. 267-271). Opladen: Leske + Budrich.

Dyllick, T. & Hamschmidt, J. (2000) *Wirksamkeit und Leistung von Umweltmanagementsystemen: eine Untersuchung von ISO 14001-zertifizierten Unternehmen in der Schweiz.* Zürich: vdf, Hochschul-Verlag an der ETH.

Dyllick, T. & Hockerts, K. (2002). Beyond the Business Case for Corporate Sustainability. *Business Strategy and the Environment, 11* (2), 130-141.

Ebers, M. (1992). Situative Organisationstheorie. In: E. Frese (Hrsg.), *Handwörterbuch der Organisation* (3. Auflage) (S.1817-1838). Stuttgart: Poeschel-Verlag.

Edwards, D. (1998). *The Link Between Company Environmental and Financial Performance.* London: Earthscan.

Elkington, J. (1999). *Cannibals with forks. The triple bottom line of 21st century business.* Oxford: Capstone Publishing.

Elsayed, K. (2006). Reexamining the Expected Effect of Available Resources and Firm Size on Firm Environmental Orientation: An Empirical Study of UK Firms. *Journal of Business Ethics, 65,* 297-308.

Enticott, G. & Walker, R.M. (2008). Sustainability, Performance and Organizational Strategy: an Empirical Analysis of Public Organizations. *Business Strategy and the Environment, 17,* 79-92.

Epstein, M.J. (2008). *Making sustainability work: Best practices in managing and measuring corporate social, environmental and economic impacts.* Sheffield: Greenleaf.

Europäische Kommission (2011). *Eco-Management und Audit Scheme.* Verfügbar unter HTTP: Hostname: ec.europa.eu Verzeichnis: environment/emas/index_en.htm [12.06.2011].

Europäische Kommission (2003). Commission Recommendation of 6 May 2003 concerning the definition of micro, small and medium-sized enterprises. Verfügbar unter HTTP: Hostname: eur-lex.europa.eu Verzeichnis: LexUriServ/LexUriServ.do?uri=OJ:L:2003:124:0036:0041:en:PDF [20.07.2011].

Feldman, S.J., Soyka, P.A. & Ameer, P.G. (1997). Does Improving A Firm's Environmental Management System And Environmental Performance Result In A Higher Stock Price? *The Journal of Investing, 6* (Winter), 87-97.

Fichter, K. (1998). *Umweltkommunikation und Wettbewerbsfähigkeit. Wettbewerbs-theorien im Lichte empirischer Ergebnisse zur Umweltberichterstattung von Unternehmen.* Marburg: Metropolis-Verlag.

Figge, F. & Hahn, T. (2005). The Cost of Sustainability Capital and the Creation of Sustainable Value by Companies. *Journal of Industrial Ecology*, 9 (4), 47-58.

Figge, F. & Schaltegger, S. (2000). *What Is Stakeholder Value?Developing a catchphrase into a benchmarking tool.* Lüneburg: University of Lüneburg/Pictet in association with United Nations Environment Program (UNEP).

Fischer, T.M., Sawczyn, A. & Brauch, B. (2009). Nachhaltigkeit und Sustainability Accounting. In Wall, F. & Schröder, R.W. (Hrsg.). *Controlling zwischen Shareholder Value und Stakeholder Value.* München: Oldenbourg.

Fombrun, C.J. & Wiedmann, K.-P. (2001). *Reputation Quotient. Analyse und Gestaltung der Unternehmensreputation auf der Basis fundierter Erkenntnisse.* Hannover: Schriftenreihe Marketing Management.

Freeman, R.E. (1984). *Strategic management: a stakeholder approach.* Boston: Pitman.

Gallarotti, G. (1995). It Pays to be Green: The Managerial Incentive Structure and Environmentally Sound Strategies, *Columbia Journal of World Business, 30* (4), 38-57.

Gege, M. (1997). *Kosten senken durch Umweltmanagement: 100 Erfolgsbeispiele aus 100 Unternehmen.* München: Vahlen.

Gladen, W. (2008). *Performance Measurement: Controlling mit Kennzahlen.* Wiesbaden: Gabler.

Gleißner, W. & Weissman, A. (2001). Das Paradigma der Wertorientierung. In W. Gleißner & G. Meier (Hrsg.). *Wertorientiertes Risikomangement für Industrie und Handel* (S. 45-52). Wiesbaden: Gabler.

Godfrey, P.C., Merrill, C.B. & Hansen, J.M. (2008) The relationship between corporate social responsibility and shareholder value: an empirical test of the risk management hypothesis. *Strategic Management Journal, 30*(4), 425-445.

Gonzalez-Benito, J. & Gonzalez-Benito, Ó. (2005). Environmental proactivity and business performance: an empirical analysis. *Omega, 33*, 1-15.

Graafland, J.J. & Ven, B.W. van de (2006). Strategic and Moral Motivation for Corporate Social Responsibility. *Journal of Corporate Citizenship, 22* (summer), 111-123.

Grant, R.M. (1998). *Contemporary Strategy Analysis* (3. Aufl.). Oxford: Blackwell Publishers.

Grunwald, A. & Kopfmüller, J. (2006). *Nachhaltigkeit.* Frankfurt/Main: Campus Verlag.

Gudet, C. & Scheiwiller, T. (2002). Risiko- und Reputationsmanagement als neue Aufgaben einer nachhaltigen Unternehmensstrategie. *UmweltWirtschaftsForum, 10* (1), 30-33.

Hahn, D. (1998). Konzepte strategischer Führung. *Zeitschrift für Betriebswirtschaft, 68* (6), 563-579.

Hahn, D. (2006). US-amerikanische Konzepte strategischer Untemehmensfuhrung. In: D. Hahn & B. Taylor (Hrsg.), *Strategische Unternehmungsplanung – strategische Unternehmungsführung: Stand und Entwicklungstendenzen* (8. Aufl.) (S.51-71). Berlin: Springer.

Hahn, T. & Scheermesser, M. (2006). Approaches to Corporate Sustainability among German Companies. *Corporate Social Responsibility and Environmental Management,*13 (3), 150-165.

Hansen, U. & Schrader, U. (2005). Corporate Social Responsibility als aktuelles Thema der Betriebswirtschaftslehre. *Die Betriebswirtschaft*, 65 (4), 373-395.

Hardtke, A. & Prehn, M. (Hrsg.) (2001). *Perspektiven der Nachhaltigkeit. Vom Leitbild zur Erfolgsstrategie.* Wiesbaden: Gabler.

Hart, S.L. (1995). A Natural-Resource-Based View Of The Firm. *Academy of Management Review, 20* (4), 986-1014.

Hauff, V. (Hrsg.) (1987): *Unsere gemeinsame Zukunft – der Brundtland-Bericht der Weltkommission für Umwelt und Entwicklung.* Greven: Eggenkamp Verlag.

Hemingway, C.A. & Maclagan, P.W. (2004). Managers' Personal Values as Drivers of Corporate Social Responsibility. *Journal of Business Ethics, 50*, 33-44.

Hennig-Thurau, T., Walsh, G. & Schrader, U. (2004): VHB-JOURQUAL: Ein Ranking von betriebswirtschaftlich-relevanten Zeitschriften auf der Grundlage von Expertenurteilen. *Zeitschrift für betriebswirtschaftliche Forschung (zfbf), 56,* 520-543.

Henri, J.-F. & Journeault, M. (2008). Environmental performance indicators: An empirical study of Canadian manufacturing firms. *Journal of Environmental Management, 87*, 165–176.

International Monetary Fund – IMF (2011). World Economic Outlook Database. Verfügbar unter HTTP: Hostname: imf.org Verzeichnis: xternal/pubs/ft/weo/2011/01/weodata/index.aspx [21.07.2011].

Jacobs, R. (1994). Organisation des Umweltschutzes in Industriebetrieben. Heidelberg: Physica-Verlag.

Jaffe, A.B., Peterson, S.R., Portney, P.R. & Stavins, R.N. (1995). Environmental Regulation and the Competitiveness of US Manufacturing: What Does the Evidence Tell Us? *Journal of Economic Literatur, 33* (1), 132-163.

Judge, W.Q. & Douglas, T.J. (1998). Performance Implications of Incorporating Environmental Issues into The Strategic Planning Process: An Empircial Assessment. *Journal of Management Studies, 35* (2), 242-262.

Kanning, H. (2009). Bedeutung des Nachhaltigkeitsleitbildes für das betriebliche Management. In A. Baumast & J. Pape (Hrsg.), *Betriebliches Umweltmanagement* (S. 33-46). Stuttgart: Eugen Ulmer.

Kieser, A. & Kubicek, H. (1992). *Organisation* (3. Aufl.). Berlin: de Gruyter.

Kieser, A. (2006). Der Situative Ansatz. In A. Kieser & M. Ebers (Hrsg.). *Organisationstheorien* (S. 215-245). Stuttgart: Kohlhammer.

King, A. & Lenox, M. (2001). Does It Really Pay to Be Green? An Empirical Study of Firm Environmental and Financial Performance. *Journal of Industrial Ecology*, 5 (1), 105-116.

King, A. & Lenox, M. (2002). Exploring the Locus of Profitable Pollution Reduction, *Management Science, 48* (2), 289-299.

Kirsch, W. (1990). *Unternehmenspolitik und strategische Unternehmensführung.* München- Herrsching: Verlag Barbara Kirsch.

Klassen, R.D. & McLaughlin, C.P. (1999). The Impact of Environmental Management on Firm Performance. *Management Science, 42* (8), 1199-1214.

Klassen, R.D. & Whybark, D.C. (1999). The Impact Of Environmental Technologies On Manufacturing Performance. *Academy of Management Journal, 42* (6), 599-615.

Klimova, E. (2004). *Betriebliches Umweltmanagement und Wertsteigerung im Unternehmen: Gegensätze oder zwei Namen für eine Erfolgsstrategie?* Diskussionspapier Nr. 211, Frankfurt/Oder: Europa Universität Viadrina.

Knörzer, A. (2001). Nachhaltigkeit – Ein Konzept zur Steigerung des Unternehmenswerts. *Thexis, 18* (2), 14-18.

Koplin, J. & Müller, M. (2009). Nachhaltigkeit in Unternehmen – Konzepte zur Umsetzung. In A. Baumast & J. Pape (Hrsg.), *Betriebliches Umweltmanagement* (S. 33-46). Stuttgart: Eugen Ulmer.

Lankoski, L. (2006). Environmental and economic perfomance. In S. Schaltegger & M. Wagner (Hrsg.), *Managing the Business Case for Sustainability: The Intergration on Social, Environmental and Economic Performance* (S. 32-46). Sheffield: Greenleaf.

Leitschuh-Fecht, H. & Steger, U. (2003). Wie wird Nachhaltigkeit für Unternehmen attraktiv? Business Case für nachhaltige Unternehmensentwicklung. In: G. Linne, & M. Schwarz (Hrsg.), *Handbuch Nachhaltige Entwicklung. Wie ist nachhaltiges Wirtschaften machbar? (S.257-266).* Opladen: Leske + Budrich.

Lin-Hi, N. (2009). *Eine Theorie der Unternehmensverantwortung. Die Verknüpfung von Gewinnerzielung und gesellschaftlichen Interessen.* Berlin: Erich Schmidt Verlag.

Lison, U. (2002). *Das nachhaltige Unternehmen: Ein globales Konzept als tragfähiges Unternehmensleitbild.* Berlin: dissertation.de – Verlag im Internet.

Loew, T. & Clausen, J. (2010). *Wettbewerbsvorteile durch CSR - Eine Metastudie zu den Wettbewerbsvorteilen von CSR und Empfehlungen zur Kommunikation an Unternehmen.* Berlin: Institute for Sustainability.

Loew, T., Ankele, K., Braun, S. & Clausen, J. (2004). *Bedeutung der internationalen CSR-Diskussion für Nachhaltigkeit und die sich ergebenden Anforderungen an Unternehmen mit Fokus Berichterstattung.* Berlin: Institute for Sustainability.

López-Gamero, M.D., Molina-Azorín, J.F. & Claver-Cortés, E. (2009). The whole relationship between environmental variables and firm performance: Competitive advantage and firm resources as mediator variables. *Journal of Environmental Management, 90,* 3110-3121.

Maignan, I. & Ferrell, O.C. (2004). Corporate Social Responsibility and Marketing: An Integrative Framework. *Journal of the Academy of Marketing Science, 32* (1), 3-19.

Majer, H. (2000). Das nachhaltige Unternehmen – Versuch einer Begriffsbestimmung. In T. Beschorner & R. Pfriem (Hrsg.), *Evolutorische Ökonomik und Theorie der Unternehmung* (S. 377-417). Marburg: Metropolis-Verlag.

Margolis, J.D. & Walsh, J.P. (2001). *People and Profits? The Search for a Link Between a Company's Social and Financial Performance.* Mahwah: Lawrence Erlbaum Associates.

Mathieu, P. (2002): *Unternehmen auf dem Weg zu einer nachhaltigen Wirtschaftsweise: Theoretische Grundlagen.* Wiesbaden: Deutscher Universitäts-Verlag.

Matten, D.; Crane, A. & Chapple, W. (2003). Behind the mask: Revealing the true face of Corporate Citizenship. *Journal of Business Ethics, 45* (1-2), 109-120.

McGuire, J.B., Sundgren, A. & Schneeweis, T. (1988). Corporate Social Responsibility and Firm Financial Performance. *The Academy of Management Journal, 31* (4), 854-872.

McWilliams, A. & Siegel, D. (2001). Corporate Social Responsibility: A Theory Of The Firm Perspective. *Academy of Management Review, 26* (1), 117-127.

Meffert, H. & Bruhn, M. (1996). Das Umweltbewusstsein von Konsumenten. *Die Betriebswirtschaft, 56* (5), 631-648.

Melnyk, S.A., Sroufe, R.P. & Calantone, R. (2003). Assessing the impact of environmental management systems on corporate and environmental performance. *Journal of Operations Management, 21,* 329-351.

Menguc, B. & Ozanne, L.K. (2005). Challenges of the ''green imperative'': a natural resource-based approach to the environmental orientation–business performance relationship, *Journal of Business Research, 58,* 430– 438.

Montabon, F., Sroufe, R. & Narasimhan, R. (2007). An examination of corporate reporting, environmental management practices and firm performance, *Journal of Operations Management, 25*, 998–1014.

Montgomery, D.B. & Ramus, C.A. (2003). *Corporate Social Responsibility Reputation Effects on MBA Job Choice. Forschungsbericht* (Nr. 1805), Stanford: Graduate School of Business.

Moore, S.B. & Manring, S.L. (2009). Strategy development in small and medium sized enterprises for sustainability and increased value creation. *Journal of Cleaner Production, 17,* 276–282.

Müller, M., Moutchnik, A. & Freier, I. (2009). Standards und Zertifikate im Umweltmanagement und im Sozialbereich. In A. Baumast & J. Pape (Hrsg.), *Betriebliches Umweltmanagement im 21. Jahrhundert* (4. Aufl.) (S. 47-63). Stuttgart: Ulmer Verlag.

Nehrt, C. (1996). Timing and Intensity Effects of Environmental Investments, *Strategic Management Journal, 17,* 535-547.

Ofek, E. & Turut, O. (2008). To Innovate or to Imitate? Entry Strategy and the Role of Market Research, *Journal of Marketing Research, 45* (5), 575-592.

Paech, N. & Pfriem, R. (2002). Mit Nachhaltigkeitskonzepten zu neuen Ufern der Innovation. *UmweltWirtschaftsForum, 10* (3), 12-17.

Palmer, K.; Oates, W.E. & Portney, P.R. (1995). Tightening Environmental Standards: the Benefit-Cost or the No-Cost Paradigm? *Journal of Economic Perspectives, 9* (4), 119-132.

Peloza, J. & Papania. L. (2008). The Missing Link between Corporate Social Responsibility and Financial Performance: Stakeholder Salience and Identification. *Corporate Reputation Review, 11* (2), 169-181.

Peloza, J. & Shang, J. (2011). How can corporate social responsibility acitvities create value for stakeholders? A systematic review. *Journal of the Academy of Marketing Science, 39,* 117-135.

Pape, U. (2010). *Wertorientierte Unternehmensführung* (4. Aufl.). Sternenfels: Verlag Wissenschaft & Praxis.

Pearson, P.J.G. & Fouquet, R. (1996). Energy efficiency, economic efficiency and future carbon dioxide emissions from the developing world. *The Energy Journal, 17* (4), 1-26.

Pepels, W. (2005). *Grundlagen der Unternehmensführung.* München: Oldenbourg.

Petersen, H. (2002). *Sustainable Champions. Positionierung von Marktführern im Umweltbereich. Eine empirische Untersuchung.* Lüneburg: Centre for Sustainability Management.

Plassmann, S. & Hamm, U. (2009). Kaufbarriere Preis? – Analyse von Zahlungsbereitschaft und Kaufverhalten bei Öko-Lebensmitteln. Forschungsbericht [Online]. Verfügbar unter http: Hostname: www.forschung.oekolandbau.de Verzeichnis: BÖL-Bericht-ID 15745.

Porter, M.E. (1999). *Wettbewerbsstrategie (Competitive Advantage).* Frankfurt/New York: Campus Verlag.

Porter, M.E. & Kramer, M.R. (2006). Strategy and Society. The Link Between Competitive Advantage and Corporate Social Responsibility. *Harvard Business Review, 84* (12), 78-92.

Porter, M.E. & Linde, C. van der (1995a). Toward a New Conception of the Environment-Competitiveness Relationship. *Journal of Economic Perspectives, 9* (4), 97-118.

Porter, M.E. & Linde, C. van der (1995b). Green and Competitive: Ending the Stalemate. *Harvard Business Review, 73* (5), 120-134.

Post, J.E., Preston, L.E. & Sachs, S. (2002). *Redefining the corporation: Stakeholder Management and Organizational Wealth.* Stanford: Standford University Press.

Prahalad, C.K. & Hamel, G. (1990). The Core Competence of the Corporation. *Harvard Business Review, 68* , 79-91.

Rabbe, S. & Welge, M.K. (2009). Unternehmerische Motive für nachhaltige Unternehmensführung - Simultane Berücksichtigung ökonomischer, ökologischer und sozialer Herausforderungen, *Industrie Management, 4,* 37-40.

Rappaport, A. (1998). *Creating Shareholder Value – A Guide For Manages And Investors* (2. Aufl.). New York: The Free Press.

Roberts, P.W. & Dowling, G.R. (2002). Corporate Reputation and Sustained Superior Financial Performance. *Strategic Management Journal, 23,* 1077-1093.

Roe, B., Teisl, M.F., Levy, A. & Russell, M. (2001). US consumers' willingness to pay for green electricity. *Energy Policy, 29,* 917–925.

Rogall, H. (2008). *Grundlagen, Bedingungen und Entwicklung der Umweltpolitik in Deutschland.* Diskussionspapier 2008/10a [Online]. Verfügbar unter http: Hostname: www.holger-rogall.de Verzeichnis: dokumente/Bu-Brasil-Ro-Umweltpol-Dt-2008-10-07.pdf [04.03.2011].

Rogall, H. (2009). *Nachhaltige Ökonomie: Ökonomische Theorie und Praxis einer Nachhaltigen Entwicklung.* Marburg: Metropolis-Verlag.

Russo, M.V. & Fouts, P.A. (1997). A resource-based perspective on corporate environmental performance and profitability. *Academy of Management Journal, 40,* 534-559.

Rothenberg, S. & Zyglidopoulos, S.C. (2007). Determinants of environmental innovation adoption in the printing industry: the importance of task environment. *Business Strategy and the Environment, 16* (1), 39-49.

Sarkis, J. & Dijkshoorn, J. (2007). Relationships between solid waste management performance and environmental practice adoption in Welsh small and medium-sized enterprises (SMEs). *International Journal of Production Research, 45* (21), 4989-5015

Schäfer, H. & Lindenmayer, P. (2005). *Unternehmenserfolge erzielen und verantworten - Ein finanzmarktgesteuertes Beurteilungs- und Steuerungsmodell von Corporate Responsibility.* Gütersloh: Bertelsmann-Stiftung.

Schaltegger, S. (2010). *Sustainability as a Driver for Corporate Economic Success. Consequences for the Development of Sustainability Management Control.* Lüneburg: Centre for Sustainability Management.

Schaltegger, S. (2004): Unternehmerische Steuerung von Nachhaltigkeitsaspekten mit der Sustainability Balanced Scorecard, *Controlling, Sonderheft Strategische Steuerung,* Heft 8/9, 511-516.

Schaltegger, S. & Burritt, R. (2000). *Contemporary Environmental Accounting.* Sheffield: Greenleaf.

Schaltegger, S., Burritt, R. & Petersen, H. (2003). *An Introduction to Corporate Environmental Management: Striving for Sustainability.* Sheffield: Greenleaf.

Schaltegger, S. & Figge, F. (1998). *Umwelt und Shareholder Value* (6. Aufl.). Basel: WWZ/Sarasin.

Schaltegger, S. & Figge, F. (1999). Öko-Investment – Spagat zwischen Shareholder Value und Sustainable Development. *UmweltWirtschaftsForum, 7* (3), 4-8.

Schaltegger, S. & Hasenmüller, P. (2005). *Nachhaltiges Wirtschaften aus Sicht des "Business Case of Sustainability".* Lüneburg: Centre for Sustainability Management.

Schaltegger, S., Herzig, C., Kleiber, O. & Müller, J. (2002). *Nachhaltigkeitsmanagement in Unternehmen.* Lüneburg: Centre for Sustainability Management.

Schaltegger, S. & Synnestvedt, T. (2001). *The forgotten link between „green" and economic success. Environmental Management as the Crucial Trigger between environmental and economic performance.* Lüneburg: Centre for Sustainability Management.

Schaltegger, S.; Windolph, S.E. & Harms, D. (2010): *Corporate Sustainability Barometer 2010. Wie nachhaltig agieren Unternehmen in Deutschland?* Lüneburg, Frankfurt a.M.: Centre for Sustainability Management/PricewaterhouseCoopers.

Schmid, U. (1996). *Ökologiegerichtete Wertschöpfung in Industrie-unternehmnungen: industrielle Produktion im Spannungsfeld zwischen Markterfolg und Naturbewahrung.* Frankfurt/Main: Lang.

Schmid, U. (2000). Ökologisch nachhaltige Unternehmenspolitik. In Dyckhoff, H. (Hrsg.). *Umweltmanagement – Zehn Lektionen in umweltorientierter Unternehmensführung* (S. 78-97). Berlin: Springer.

Schnaars, S.P. (1994). *Managing Imitation Strategies: How Later Entrants Seize Markets from Pioneers.* New York: The Free Press.

Scott, R.W. (2001). *Institutions and organizations* (2. Aufl.). Thousand Oaks: Sage.

Sharfman, M.P., Shaft, T.M. & Tihanyi, L. (2004). A Model of the Global and Institutional Antecedents of High-Level Corporate Environmental Performance. *Business Society, 43* (1), 6-36.

Sharma, S, Aragón-Correa, J.A. & Rueda-Manzanares, A. (2007). The Contingent Influence of Organizational Capabilities on Proactive Environmental Strategy in the Service Sector: An Analysis of North American and European Ski Resorts. *Canadian Journal of Administrative Sciences, 24,* 268-283.

Sharma, S. & Vredenburg, H. (1998). Proactive Corporate Environmental Strategy And The Development Of Competitively Valuable Organizational Capabilities. *Strategic Management Journal, 19,* 729–753.

Sheth, J.N., Newman, B.I. & Gross, B.L. (1991). Why we buy what we buy: a theory of consumption values. *Journal of Business Research, 22* (2), 159-170.

Shrivastava, P. (1995). Environmental technologies and competitive advantage. *Strategic Management Journal, 16,* 183-200.

Sroufe, R., Curkovic, S., Montabon, F. & Melnyk, S.A. (2000). The new product design process and design for environment: 'crossing the chasm'. *International Journal of Operations and Productions Management, 20* (2), 267-291.

Steinle, C., Thiem, H. & Böttcher, K. (1998). Umweltschutz als Erfolgsfaktor – Mythos oder Realität? *Zeitschrift für Umweltpolitik und Umweltrecht, 98* (1), 61-78.

Suchanek, A. & Lin-Hi, N. (2006). *Eine Konzeption unternehmerischer Verantwortung.* Diskussionspapier Nr. 2006-7. Wittenberg: Zentrum für globale Ethik.

Surroca, J., Tribó, J.A. & Waddock, S. (2010). Corporate responsibility and financial performance: the role of intangible resources. *Strategic Management Journal, 31* (5), 463-490.

Töpfer, A. (2005). Werterhaltung und –steigerung durch Risiko- und Krisenmanagement. In: N. Schweickart & A. Töpfer (Hrsg.). *Wertorientiertes Management. Werterhaltung - Wertsteuerung - Wertsteigerung Ganzheitlich Gestalten* (S. 377-407). Berlin: Springer.

Udayasankar, K. (2008). Corporate Social Responsibility and Firm Size. *Journal of Business Ethics, 83,* 167-175.

Verband der Hochschullehrer für Betriebswirtschaft (VHB). (2011). *VHB-JOURQUAL. Gesamtübersicht JQ 2.1* [Online]. Verfügbar unter HTTP: Hostname: vhbonline.org Verzeichnis: service/jourqual/vhb-jourqual-21-2011/jq21 [19.05.2011].

Wagner, M. (2005). How to reconcile environmental and economic performance to improve corporate sustainability: corporate environmental strategies in the European paper industry. *Journal of Environmental Management, 76,* 105-118.

Wagner, M. & Schaltegger, S. (2002). *Umweltmanagement in deutschen Unternehmen – der aktuelle Stand der Praxis.* Lüneburg: Centre for Sustainability Management.

Wagner, M. (2005). How to reconcile environmental and economic performance to improve corporate sustainability: corporate environmental strategies in the European paper industry. *Journal of Environmental Management*, 76, 105–118.

Wagner, M., Van Phu, N., Azomahou, T. & Wehrmeyer, W. (2002). The relationship between the environmental and economic performance of firms: an empirical analysis of the european paper industry. *Corporate Responsibility and Environmental Management, 9,* 133-146.

Walgenbach, P. (2006). Neoinstitutionalistische Ansätze in der Organisationstheorie. In A. Kieser & M. Ebers (Hrsg.). *Organisationstheorien* (S. 353-401). Stuttgart: Kohlhammer.

Walley, N. & Whitehead, B. (1994). It's not Easy Being Green. *Harvard Business Review, 72* (3), 46-52.

Wildemann, H. (Hrsg.) (2007). *Wertsteigerung durch Wertschöpfung*. München: TCW Transfer-Centrum.

Wilkens, S. (2007). *Effizientes Nachhaltigkeitsmanagement.* Wiesbaden: Deutscher Universitäts-Verlag.

Wunderer, R. & Jaritz, A. (2007). *Unternehmerisches Personalcontrolling. Evaluation der Wertschöpfung im Personalmanagement.* Köln: Wolters Kluwer.

Yang, M., Hong, P. & Modi, S.B. (2011). Impact of lean manufacturing and environmental management on business performance: An empirical study of manufacturing firms. *International Journal of Production Economics, 129,* 251-261.

Zentes, J., Bastian, J. & Lehnert, F. (2010). *Handelsmonitor 2010. Strategien der Nachhaltigkeit. People - Planet – Profit.* Frankfurt am Main: Deutscher Fachverlag.

Zhu, Q. & Sarkis, J. (2004). Relationships between operational practices and performance among early adopters of green supply chain management practices in Chinese manufacturing enterprises. *Journal of Operations Management, 22,* 265-289.